稲垣栄洋

●●

徳川家の家紋はなぜ三つ葉葵なのか

家康のあっぱれな植物知識

扶桑社文庫
762

はじめに

「植物を愛する」と言うと、皆さんはどんなイメージを抱くだろう。

おしゃれなフラワーショップの店員だろうか。アレンジメントされた花束を飾る女性だろうか。それとも、盆栽や菊作り、生け花やガーデニングを趣味にする園芸家だろうか。押し葉標本を作っては、顕微鏡をのぞいてばかりいる植物学者を思い浮かべる人もいるかもしれない。

しかし、「戦国武将たちが植物を愛していた」と言ったら、どうだろう。

「本当に？」という声が聞こえてきそうだ。確かに、血で血を洗う下剋上《げこくじょう》の時代に活躍した武将のイメージとしてはふさわしくないような気もするが、戦国武将たちはまぎれもなく植物を愛していた。

戦国の革命児の異名を持つ織田信長は、ある意外な花を愛《め》でていたという。莫大な財力と権力で天下を統一した豊臣秀吉は派手好みが高じて、大規模な花見を催したことでも有名だが、じつは秀吉が人生の最期に所望したのがサクラの花を愛でることだった。

特筆すべきは、戦国の世を終わらせ泰平の世を築いた徳川家康である。家康は専用の薬草園を持つほどの植物オタクであったとされている。そして、自ら煎《せん》じた薬草で長生きをしてライバルを退け、植物資源を活用した植物都市、江戸を築いた。家康はまさに、植物の知識で天下人になったと言えるだろう。

本書では、植物学の視点から、そんな武将や武士たちと植物との関係を紐《ひも》解《と》いていきたい。彼らは単に植物を愛していただけではない。植物をよく観察し、植物の特徴をよく知っていた。そして、戦いや暮らしの中に植物を巧《たく》みに利用してきたのである。植物に対する武将たちの観察眼は、植物を専門に研究している私から見ても、舌を巻かざるを得ない。常に死と隣り合わせで、戦さと権力闘争に明け暮れているイメージのある武将たちが、繊細なまなざしで植物を見ていたことには驚かされる。武将たちは植物の特徴を知り尽くし、その魅力もよく知っていた。彼らは偉大な「植物学者」だったのである。

もっとも、戦国武将にとって植物を知ることは実利的な意味もあった。植物学というと、何とも役に立たない学問のような感じがするかもしれないが、武将たちは植物を戦いに利用し、城造りに利用し、農業に利用し、領国経営に利用した。当時の武将たちにとって植物は、武器であり戦略物資でもあったのだ。

派手な合戦を繰り広げた日本史の裏側には、常に植物の存在があった。それでは武士と植物の物語を見ていくことにしよう。

※本書は二〇一五年に東洋経済新報社より発刊された『徳川家の家紋はなぜ三つ葉葵なのか　家康のあっぱれな植物知識』を文庫化したものです。

目次

徳川家の家紋はなぜ三つ葉葵なのか

家康のあっぱれな植物知識

第二章　完全リサイクルの循環型社会ができるまで……33
――大名が投資したイネという植物

第五章 織田信長はトウモロコシが好き……99
――戦国武将を魅了した南蛮渡来の植物

第六章　門外不出だったワサビ栽培……113

――家康に愛され名物となった植物

第七章

花は桜木、人は武士——武士が愛した植物、サクラの真実

第八章　ヨーロッパ人を驚かせた園芸大国……151

——植物を愛する園芸家となった武士たち

第九章　徳川家の家紋はなぜ三つ葉葵なのか……181

――武将が愛した植物の家紋

家紋提供／監修　高澤等（日本家紋研究会会長）
植物イラスト　わたなべみきこ
ＤＴＰ　生田敦

第一章

徳川家康は、なぜ江戸を都に選んだのか

――家康が築いた植物都市

家康が江戸を選んだ理由

豊臣秀吉は小田原征伐で北条氏を倒し、天下を統一すると、徳川家康の領国五カ国、「三河《みかわ》・遠江《とおとおみ》・駿河《するが》・甲斐《かい》・信濃《しなの》（現在の愛知県、静岡県、山梨県、長野県）」を取り上げ、家康を当時、寒村であった江戸に転封してしまう。

家康を脅威に感じた秀吉による、いわば左遷《させん》である。これは家康にとって相当、屈辱的なことであったろう。

しかし、不思議なことに、関ヶ原の戦いに勝利して天下人となった家康は、転封された屈辱の地である江戸に幕府を開く。

天下を目指す戦国武将は、誰もが京への上洛を企図していた。豊臣秀吉が築いた大坂もある。自らが統治していた駿河の駿府（現在の静岡市）や、甲斐の甲府という選択もあった。それなのに、どうして家康はわざわざ江戸に幕府を開いたのだろうか。

理由の一つとして、京都の朝廷の影響を受けないため、というものがある。もしかすると、京都から遠く離れた地に武士の政府を開いた鎌倉幕府を意識したのかもしれない。

ほかにも理由が考えられる。天下を統一したとはいえ、西国には徳川家に反逆しそうな大大名が控えていた。小田原城攻めを経験した家康にとっては、小田原城でさえも西国の攻撃を受ける場所である。そのため、西国からより離れた江戸は防衛上優れていた、という考えである。

また、水運に優れており、交通の要衝《ようしょう》だったことも家康が江戸を選んだ理由であるとされている。信長や秀吉が、水運を発達させることで大坂を発展させたことを見習ったのかもしれない。

湿地帯を開発すれば広大な農地が確保できる

しかし、江戸を拠点とした理由がこれだけでは不完全である。

町を造るためには食糧が重要である。のちの発展した江戸であれば、全国から米が運び込まれてくるが、まずは城下に近いところで米や野菜などが生産されなければ、城下町が成立しない。おそらく家康は、江戸に広がる湿地帯を開発すれば、広大な農地を確保できると考えたのだろう。

そこで家康は、江戸湾に流れていた利根川の流れを東に付け替えて、太平洋に流れるようにした。そして、利根川が流れていた湿地帯に広大な新田を開き、穀倉地帯へと変えていったのである。

江戸は、東側はヨシが生い茂る葦原《あしはら》の低湿地で、西側はススキが生い茂る萱原《かやはら》の荒涼とした荒地だった。

家康はこの未開の地に、新たなフロンティアとしての可能性を感じたのである。

江戸の地名と植物の深い関係

家康が選んだ江戸の地形は、富士山の火山灰が堆積《たいせき》して作られた西側の武蔵野台地と、海側に面した低湿地である東京低地とに大別される。そして台地には、川が削って作られた谷の地形があり、台地と低地が入り組んでいる。

大まかに言って、現在、京浜東北線が走っているところより西側が武蔵野台地であると言われている。一般に、武蔵野台地の部分が山手、東京低地の部分が下町と呼ばれる。

徳川家康が江戸に移るまで、江戸は荒涼とした台地と低地には沼地が広がる辺ぴな土地だったが、川を改修し、低地を埋め立て、台地には水を引いて、江戸の町は開発が進められていったのである。

高台のために水がなく、やせた火山灰土壌である荒涼とした武蔵野台地では、もともとススキが生い茂っていた。そして、低い低地では水がたまり、湿地性の植物が生い茂っていた。

この「台地」と「低地」の雑草の違いは、現在の東京の「地名」にも残されている。「浅草」の由来はいくつかあるが、草が生い茂る武蔵野台地に比べて、湿地で草があまり茂っていないことに由来すると言われている。

「巣鴨《すがも》」は「菅茂」に由来し、湿地に生えるスゲが繁茂していたため名付けられた。スゲは「菅の笠」の材料となった湿生の植物である。スゲが生えていたことに由来する地名には葛飾区の「小菅《こすげ》」もある。

湿地にはヨシが生い茂る。江戸時代に遊郭が開かれた「吉原」はその名のとおり「ヨシの原」である。吉原は、もともと日本橋人形町の辺りにあった。人形町はヨシの生い茂る低湿地だったのである。

もっとも、吉原の語源は、遊廓の開拓者である庄司甚右衛門《しょうじじんえもん》（甚内《じんない》）の出身地が東海道の宿場町である吉原（現在の静岡県富士市）だったためという説もある。しかし、吉原の宿《しゅく》の「吉原」の名もまた、ヨシが生い茂る湿地だったことに由来しているから、いずれにしても、吉原は「ヨシの原」なのだ。

「足立区」の「足立」もアシが生えていたことから「葦立」に由来している。「アシやヨシが生える」と言われるが、アシとヨシは同じ植物である。もともとはアシと呼ばれていたが、アシは「悪し」につながることから、「ヨシ（良し）」と呼ばれるようになった。現在では、ヨシが図鑑に掲載される標準和名である。

「蒲田」は、泥が深い田を意味する「鎌田《かまた》」に由来するという説と、ガマが生えていたことに由来するという説がある。いずれにしても蒲田は湿地だった。

ちなみに、江戸の名物であった、ウナギの蒲焼《かばや》きは、「蒲《ガマ》を焼く」と書く。昔はうなぎを開かずに筒切りにして串に刺した。この形がガマの穂に似ていることから、「蒲焼き」には「蒲」という漢字が使われているのである。

「蒲田」に近い「大井」は、湿地に生えるイグサ（藺草）が多かったことから、「大藺」に由来しているとも言われている。イグサは湿生の雑草だが、畳表《たたみおもて》の原料として栽培もされている。

また、杉並区には、そのまま「井草」という地名がある。

そして、「井草」の近くには「荻窪《おぎくぼ》」がある。ススキは乾いた場所を好むが、河原や水辺など湿った場所には、ススキによく似たオギが群生する。「荻窪」はオギが茂った窪地《くぼち》を意味する言葉である。

江戸時代のススキは資源だった

江戸の人々にとって台地に生えるススキや湿地に生えるヨシは、単なる雑草ではなかった。ススキやヨシは今でこそ雑草扱いされているが、昔は貴重な資源だったのである。

ススキやヨシを表す漢字は「萱《かや》」と「茅《かや》」である。ススキやヨシなどの背の高いイネ科の草は、「萱」という。特に耐久性の強いススキは「茅」と呼ばれて、かやぶき屋根などの建材として利用された。かやぶきの屋根は、ススキの茎をふいて作られた。ススキが確保できないような貧しい家では、イネの藁《わら》でわらぶき屋根を作った。丈夫なススキは、イネよりも高級品だったのである。

萱は屋根の材料にするほかにも、家畜のエサや田畑の肥料になったので、昔は競い合って萱を刈った。最初に刈った萱は殿様に献上されるほど、大切なものだったのである。一方、茎の中が空洞で軽いヨシはよしずなどの原料として用いられた。

東京の中央区に「茅場町《かやばちょう》」という地名がある。これはその名のとおり、ススキやヨシなどの萱が生い茂る場所で、萱を商う業者が集まって住む場所でもあった。

ただし、ススキは乾いた場所に生えるのに対して、ヨシは湿地に生える。茅場町は土地が低いので、どちらかというと、もともとはヨシが生い茂っていたことだろう。

渋谷区の「千駄ヶ谷《せんだや》」は萱がたくさんとれた場所である。「駄」というのは、一頭の馬が一度に運べる量を示す単位で、約一三五キログラムの重さである。この馬に載せた荷物の代金が「駄賃」である。千駄ヶ谷は、一日に千頭分の馬に積むだけの千駄の萱がとれたことから、千駄ヶ谷と名付けられた。

ちなみに、雑木林から伐《き》り出した薪《まき》が、一日に千頭分の馬に積むだけとれた場所が、文京区の「千駄木」である。

江戸の名前の由来はエゴマなのか

「江戸」の名前は、「入り江の入り口」に由来すると言う人がいる。あるいは、「荏《え》の生えている場所」を意味する「荏土」に由来すると言う人もいる。

「荏」とは、エゴマのことである。エゴマは漢字で「荏胡麻」と書くが、ゴマの仲間ではない。

ゴマはゴマ科の植物だが、エゴマはシソ科の植物である。エゴマはゴマの香りがするため、ゴマと呼ばれた。ちなみにエゴマの「エ」は油を得る、つまり「得ゴマ」に由来すると言われている。

　エゴマは縄文時代に日本に伝えられたとされる古い植物で、食用油や灯り用の油として用いられてきた。

　しかし、江戸時代になって効率よく油をとることができるナタネが日本に伝えられると、とって代わられ、エゴマは次第に栽培されなくなってしまったのである。

　品川区の荏原《えばら》はエゴマの生えている原という意味である。荏原の地名は平安時代の文献に見られる古い名前で、荏原は現在の品川区、大田区、目黒区の全域と千代田区、港区、世田谷区を含む土地を指すものだった。

　よって江戸の名前も、この「荏」に由来するのではないかという説もあるのだ。

幕府の大名対策と街道の松並木

　天下統一を果たした徳川幕府は、街道の整備を行なった。具体的には、街道の幅を広げ、宿場町や一里塚を整備し、並木を植えたのである。一六〇四（慶長《けいちょう》九）年、幕府は諸街道の改修にあたり「街道の左右に松を植えしめよ」と指示を出している。

　古くから街道には、旅人の休息場所とするため木が植えられてきた。もっとも古い記録では、奈良時代の七五九年の文書に街道の並木について記されている。

天下統一を目指した織田信長は、戦乱で荒れ果てていた街道の整備を行なった。そして、その事業は豊臣秀吉、徳川家康へと引き継がれていく。

しかし、幕府が街道沿いに並木を造ったのは旅人のためだけではなく、別の意図があったのではないだろうか。

大坂夏の陣によって豊臣が滅びるのが一六一五年。天下を統一したとはいえ、幕府が街道に並木を整備した一六〇四年は、まだ地方の大名たちが反旗を翻《ひるがえ》す可能性もあった。つまり万が一の場合、松並木を切り倒し街道を塞《ふさ》いで、江戸へ進軍できないようにする目的もあったと言われているのだ。

関東平野が作った蕎麦文化

広大な水田を拓《ひら》いたとはいえ、江戸の西側には荒涼とした台地が続いていた。富士山の火山灰が堆積した関東ロームは、作物を作るには適さないやせた土地だったのだ。

この荒れた台地で栽培されたのが、やせた土地でも育つソバだった。

ソバは、もともと米や麦を栽培することのできない場所で作られる貧しい作物だ。

江戸時代の初期には、蕎麦がきを大根のおろし汁につけて食べていたというから、いかにも貧しい食事である。そのため当時は、江戸でも蕎麦よりうどんのほうが好んで食べられていたと言われる。

しかし、蕎麦は今ではグルメの料理だ。蕎麦通と呼ばれる人たちはコシがどうだ、出汁がどうだ、香りがどうだ、となかなかうるさい。ごくごくシンプルな料理なのに、こんなにこだわりを持たれる料理も珍しい。

なぜ貧しい救荒食《きゆうこう》だった蕎麦の地位は、こんなにも高まったのだろう。それは、関東で創作された濃口醤油のおかげなのである。

関東の濃口醤油と関西の淡口醤油

関東に比べ古くからの文化の蓄積がある関西では、あらゆる産物の品質が良いため、さまざまな製品が関西から江戸に送られていた。そこで、上方からくるものは「下りもの」と言われ重宝された。一方、関東で作られた品質の悪いものは「下らないもの」と評された。現代でもつまらないものを「くだらない」というのは、この言葉に由来する。

醤油もまた、上方からの「下り醤油」が珍重されたが、値段が高く、とても庶民の口に入るものではなかった。この頃、関東に送られていたのは大豆だけで作られたたまり醤油に近いものだったと考えられている。

一方、やせた火山灰土壌が台地を形成している関東平野では田んぼが少なく、畑を利用して小麦がたくさん作られた。そのため、豊富な小麦を大豆に加えてコクを増した「地廻り醤油」と呼ばれるものが作られた。これがのちの濃口醤油である。

関東でとれる魚は、青魚や赤身の魚など臭みのある魚が多い。江戸前の魚に、香りの強い濃口醤油はまさにぴったりだった。やせた土地で栽培される野菜の味もけっして良いとは言えなかったし、冬場は保存して味の落ちた野菜を食べなければならない。味の濃い醤油はそんな野菜を食べるのに適していたのである。

関西では近くの瀬戸内海であっさりした旨味《うまみ》の白身の魚が豊富にとれる。また、気候が温暖で土壌が肥沃《ひよく》なため、質の良い野菜が一年を通して豊富に生産された。関西であっさりとした淡口《うすくち》醤油が発達したのは、素材の味の良さを生かすためだった。

江戸の蕎麦はどうやって人気を得たか

話を蕎麦に戻そう。

関東で作られた香りの強い濃口醤油と鰹節から作られた濃厚なつゆは、味気ない蕎麦を何とも旨いものに仕立て上げた。

つゆが濃いので、蕎麦をちょっとだけつゆにつけて一気にすすり込む。蕎麦の味ではなく、のどごしと口から鼻に抜ける蕎麦とつゆの風味を楽しむ。この盛り蕎麦のスタイルが粋《いき》だと江戸っ子に受けて、救荒食であった蕎麦は人気のグルメメニューにのし上がった。

ちなみに淡口醤油の関西では、蕎麦よりうどんが好まれる。関西では、瀬戸内の温暖で雨の少ない気候が小麦栽培に適していたので、品質の良い小麦が作られた。そのため、香りが良い上質なうどんが作られ、うどんの麺そのものの味を競うようになった。

素材の風味を生かす淡口醤油はうどんにぴったりだったはずである。さらに関東が鰹節で出汁をとったのに対し、関西では淡口醤油をベースとしたつゆに、当時、北海道から北前船で関西に運ばれていた昆布出汁を加えて、まったりした味に仕上げられた。そして、吸い物のように飲み干せるうどんのつゆができあがったのである。

サツマイモを広めたイモ爺さんの功績

田舎者の侍を揶揄《やゆ》して「イモ侍」と言う。

現在でも、「イモねえちゃん／イモにいちゃん」はずいぶんバカにした言い方だが、昔の「イモ爺さん」という呼び名には逆に尊敬の念が込められている。

サツマイモは江戸時代中期に、中国から琉球《りゅうきゅう》に伝わった。その琉球から薩摩《さつま》（現在の鹿児島県）にサツマイモを持ちかえったのが、前田利右衛門である。前田利右衛門は「甘藷翁《かんしょおう》」と言われている。甘藷というのはサツマイモの別名である。つまりこれは「イモ爺さん」という意味である。

異国の地からやってきた芋に、当初、多くの薩摩人が違和感を持った。それを心ある人々が立ち上がり、サツマイモを救荒食として普及させ、多くの民を飢饉《ききん》から救ったのである。

そんな各地の偉人たちは、その功績から「イモ爺さん」「イモ宗匠《そうしょう》」と称《たた》えられ、人々の尊敬を集めた。

また、前田利右衛門の墓碑には「唐藷殿《からいも》」と記されている。サツマイモは薩摩から広まったので薩摩芋と呼ばれているが、薩摩では唐から来たので唐芋と呼ばれている。

つまり、唐藷殿というのは「お芋様」という意味なのである。

サツマイモを広めた人物としてもっとも有名なのは、蘭学者、青木昆陽《あおきこんよう》である。彼は、救荒食としてのサツマイモの重要性を八代将軍・徳川吉宗に上申し、当時貧困にあえいでいた農民を救った。

青木昆陽は「甘藷先生」と呼ばれ、江戸の人々に親しまれている。つまり「イモ先生」という意味である。

サツマイモと言えば、埼玉県の川越地方が有名である。吉田弥右衛門は、関東ロームに覆《おお》われたやせた武蔵野台地の土にサツマイモが合うと考え、サツマイモの栽培普及に尽力した。

そして、江戸で焼き芋が流行すると、「九里四里（栗より）うまい十三里」という言葉とともに、川越芋が人気を博していく。この吉田弥右衛門は、青木昆陽とともに「甘藷乃神《いものかみ》」として祀《まつ》られている。つまり、芋神様だ。

「イモ」という呼び名は、尊敬に満ちているのである。

第二章

完全リサイクルの循環型社会ができるまで

――大名が投資したイネという植物

織田信長の兵農分離革命

織田信長は「兵農分離」を行なったとされている。

武士の多くは、もともと土地を守るために武装した農民に由来している。戦国時代までの武士たちは地元で農業に勤《いそ》しみ、いざ合戦となると武装し、戦いに参加したのだ。

戦国時代になると、戦いの規模が大きくなり、数万人規模の軍勢が集められるようになった。しかし、田植えや稲刈りなど農作業の忙しい時期に、本来、農民である武士は戦いに参加することができない。農繁期の無理な徴兵や戦いの長期化は、農作業に影響して米の収量が減ってしまう。

つまり、戦国武将にとってもっとも重要な年貢《ねんぐ》の高《だか》に影響するので、たとえ合戦を繰り返した戦国時代であっても、いつでも好きなように戦いができるわけではなかった。

そこで織田信長は、下級武士の次男や三男を雇い、戦闘集団を組織化した。彼らを土着の土地から城下に移住させ、戦闘訓練を行い、戦闘能力の高い軍隊を作り上げ、軍事力の強化を図ったのである。

これによって、信長軍は常時戦いを行うことができるようになり、長期の出兵も可能になった。兵農分離は、軍事力を著《いちじる》しく高める革命的な方法だったのである。

しかし兵農分離には、問題もある。農業を行わない専門の軍隊を持つことは、多大なコストを必要とする。織田信長は楽市楽座などの経済政策で得たお金で、この軍事費を捻出した。兵農分離は経済力のある武将のみに許された方法だったのだ。

経済力のある武将は兵農分離で戦いを有利に進め、織田信長を引き継ぎ天下を統一した豊臣秀吉は刀狩りで兵農分離を明確化した。そして、徳川幕府は士農工商という身分制度を作り、兵農分離を固定化したのである。

田んぼが作った単位

前章で見たように、江戸はヨシが生い茂る低湿地や、ススキが生い茂る荒地を開発し、農地を開発していった。家康だけではない。大名はこぞって、河川を付け替えて新田を開発した。

大名の権力は石高で表される。たとえば家康が三河《みかわ》国を統一したときの石高は二九万石、秀吉の命によって関東六カ国を与えられたときは二五〇万石である。そういわれると、石高は面積の単位のように思えるが、そうではない。「石」というのは体積の単位だ。つまり、その土地でとれる米の量なのである。

一度の食事で食べる米の量が「一合」という単位だ。

一石は、一人が一年間に食べる米の量を基準として定められた。すると、一〇〇万石というのは、一〇〇万人が一年間食べるだけの量の米がとれる、ということになる。

一石の一〇分の一が一斗、一斗の一〇分の一が一升、そして一升の一〇分の一が一合となる。さらに一合の一〇分の一が一勺《しゃく》である。

昔の暦では一年が約三六〇日だったから、一日あたり、二・八合の米を食べたことになる。昔は一日二食だったが、一日三食を食べる現在の食生活に置き換えると、およそ一食で一合の米を食べることになる。

大名の経済政策にとってもっとも重要なことは、年貢を安定的に得ることだ。そのため、すべての単位は米を基準として考えられていた。そして、武士たちは石高を上げようと、さまざまな努力を惜しまなかったのである。

武将は面積の単位も田んぼを基準にした

田んぼの面積は現在でも「反《たん》」という単位で表す。一反はおよそ一〇アール。一反は米が一石とれるだけの面積から定められている。つまり、一反は一人が一年間に食べる米がとれる面積である。

ちなみに、一石の重さは約一五〇キログラム。当時の人々は一年間に一五〇キログラムもの米を食べていたのである。現在は、一人が食べる米の量は六〇キログラムだから、昔の人は現代の二・五倍もの米を食べていたことになる。

現代では一反で平均五〇〇キログラムもの米がとれる。これは当時の三倍以上である。食べる量は減って収穫量は増えているから、現在では一反でおよそ、一〇人が一年間に食べるくらいの米がとれることになる。

面積を表す単位には「坪」というものもある。現在では一反は三〇〇坪だが、昔は三六〇坪だった。つまり、一坪は一人が一日に食べるお米がとれる面積なのである。

昔、単位は地域によってまちまちだったが、織田信長や豊臣秀吉が単位の統一を図った。そして、徳川幕府が単位を全国統一して定めたのだ。

米は貨幣の代わりだったから、貨幣経済が導入されたあとは米と換算できるように、米一石を買える金額が一両と定められた。ちなみに、大判小判が長円形をしているのは、米俵の形をモチーフにしているからである。一両小判に刻まれている横線は、米俵の藁を表しているという。

米の量は「俵《ひょう》」という単位で表される。これは約六〇キログラムで、四斗になる。四斗というのは中途半端な感じもするが、これは藁で編んだ俵に入る米の量である。大人の男の人がかつげるくらいの重さが一俵となった。とはいえ、六〇キログラムとはずいぶん重たい。昔の人はずいぶん力持ちだったものである。

田んぼの価値を知る

田んぼは日本中どこにでもあるので当たり前の存在と思われているが、じつは田んぼがあるということは、すごいことなのだ。

何しろ水を引かなければ田んぼにすることができない。しかも、水は高いところから低いところにしか流れない。水が上から下に流れるという、これだけの仕組みを利用して、すべての田んぼに水を入れなければならない。

田んぼの数を増やしてそれだけ広々とした田んぼを潤《うるお》そうと思えば、用水路の傾斜をできるだけゆるやかにして、すぐに低い位置に水がいかないようにしなければならない。

あまりにありふれているので、田んぼしかないところは、「何にもない」と悪口を言われる。しかし、そこに田んぼがあるということは、緻密《ちみつ》な土木工事が行われたということなのだ。

水がないところではイネを作ることができないが、水がありすぎてもイネは作ることができない。日本には湿地が広がっていたが、泥が深く、大雨が降れば水に浸《つ》かるような場所ばかりであった。水が深すぎるとイネを栽培することができない。イネを栽培できる条件は、限られていたのである。

歴史を見ると、最初に田んぼが作られたのは、谷筋や山のふもとだ。それらの地形では山からの滲《し》み出し水が流れ出てくる。この水を利用して田んぼを拓いたのである。田んぼは限られた恵まれた地形でしか作ることができなかったのだ。

戦国武将の多くは広々とした平野ではなく、山に挟まれた谷間や、山に囲まれた盆地に拠点を置き、城を築いた。これは防衛上の意味もあるが、じつは山に近いところこそが、豊かな米の稔《みの》りをもたらす戦国時代の穀倉地帯だったからだ。

イネを作ることができるのは、限られた特別な場所だった。そして、多くの地域ではイネを作ることはできず、麦類やソバを作ったり、ヒエやアワなどの雑穀を作るしかなかった。限られた穀倉地帯を巡って、戦国武将たちは戦いを繰り広げたのである。

田んぼ作りに生かされた城造り

戦国時代になると、各地で新たな水田が開発されるようになる。

戦国時代は各地に山城が造られた。堀を掘り、土塁《どるい》を築き、石垣を組んで、城を造る。土木技術の発達によって、それまで田んぼを作ることができなかった山間地にも水田を拓くことが可能になった。こうして作られたのが棚田である。

戦国時代から江戸時代の初めにかけて、全国で棚田が築かれている。堀を造る技術によって水路を引くことができるようになり、土塁を築く技術で畦《あぜ》を作り、傾斜地に水をためることができるようになった。そして、石垣を組むことでさらに強固な田んぼを作ることができた。

中には城の石垣の武者返しのように、地面付近は勾配《こうばい》がゆるく上に行くにしたがって勾配がきつく、垂直になるように組まれているものさえある。武者返しにすることで、少しでも石垣の上の田んぼの面積を広くしようとしたのである。

また、河川に土手を作り、洪水を防ぎ、洪水地帯を水田に変えたり、人工河川を造って水のないところに水田を拓いた。

どうして、戦国武将たちは、こんなに熱心に水田作りを奨励《しょうれい》したのだろうか。

それはけっして領民のためだけではない。当時、「米」は「貨幣」そのものであった。

戦国大名にとって領内に田んぼがあるということは、経済力を持つことであり、それは兵力に直結した。現在で言えば、米を生み出す田んぼを作るということは、「お金」を作ることと同じだったので、投資効果のあることだったのだ。

石高を競う戦国武将は、戦いによって隣国を奪って領地を広げれば、石高を上げることはできる。戦国時代も豊臣秀吉の台頭により国境が定まってくると、簡単に領地を増やすことはできない。しかし、石高は領地の面積ではなく米の生産量である。領地は増えなくても田んぼが増え、米の生産量が増えれば、自らの力を強めることができるのである。

江戸時代の新田開発ブーム

江戸時代になって平和な時代が訪れると、大名たちはこぞって新田開発に乗り出した。もう武力による戦いによって領地を広げることができない以上、限られた領地の中で米の生産を増やすしかない。

逆に言うと、それまでは戦い続きで、田んぼを開発する余裕がなかったが、戦《いく》さの心配をすることなく、金銭的にも労力的にも新田開発にじっくり力を注ぐことができるようになったわけだ。

こうして各地で大規模な土木工事が行われたわけだが、新田開発の対象となったのは川の下流部に広がる広大な平野部分である。それまで平野は河川が縦横無尽に流れ、ヨシが生い茂る湿地が広がるばかりであった。泥の深い湿地は、とてもイネを栽培できるような場所ではない。

しかし、土手を造り河川の流れを制限し、代わりの水路を整備していくことによって、何の価値もなかった広大な湿地は田んぼに生まれ変わる。江戸幕府もまた、関東平野の台地を拓き、沼を干拓して、大規模な水田を拓いていくのである。

江戸時代の元禄《げんろく》期（一六八八―一七〇四年）になると、秀吉の時代に比べて耕地面積がおよそ二倍にまで増加した。まさに新田開発ブームである。何しろ、大名の収入は米で納められる年貢だ。田んぼでとれる米は、当時の「貨幣」である。田んぼの面積を広げ、米の収入を上げることは、ビッグマネーを生み出すビジネスだったのだ。

こうして、江戸時代の大名は広大な平野を開発し、田んぼにしていった。現在、平野の多くは都市として開発されているが、現代人が住む平野の多くは江戸時代に田んぼとして開発されたものなのである。

米本位制とはどういう制度なのか

江戸時代には米が貨幣として機能していた。

これは米本位制と呼ばれている。じつは室町時代までは「金・銀・銭」を経済の中心とした金本位（貫高《かんだか》）制で年貢も貨幣で納められていたが、織田信長や豊臣秀吉が米本位（石高）制を進め、徳川幕府の時代に米本位制が完成した。

貨幣ではなく米を中心に経済を組み立てているのだから、よく考えるとすごい。田んぼでイネを作ることは、紙幣を刷るのと同じことなのだ。それにしても、どうして昔は米が貨幣として通用したのだろう。

理由の一つに、当時の貨幣制度が複雑だったことがある。これに対し、米は食糧として安定的な価値を持っていた。時代が変わっても、貧富の差はあっても食べ物の大切さは変わらない。そのため、米が価値の基準とされたのだ。

米は長期間の保存が利き、長距離の運搬が可能ということも重要な特性であった。

また、あまりに貨幣や金ばかりに目を向けてしまうと、お金はあっても人々が飢《う》えてしまうことになる。米が経済の中心であれば、諸藩は米増産に取り組む。こうして徳川幕府は、安定的な経済基盤を築こうとしたのである。

しかし、諸藩が新田開発を行なって米が大量生産されることにより、米本位の経済は不安定になっていく。どういうことか。年貢高は検地によって定められていたのだが、新田の開発や、農業技術の発達によって米の生産量が増えると、実質的に年貢として納める割合が減少していく。その結果、農民にも余裕が出て、元禄文化の繁栄がもたらされた。

さらに米の生産量が増加して米が余りはじめると、米の価値が減少し、米の価格は下がる一方となった。反対に、米以外のものは値段が高くなる。インフレが起こったのだ。そこで、徳川吉宗は経済立て直しのため、米の価格を上げる享保《きょうほう》の改革（一七一六年～）を行うのである。

イネはあっぱれな植物

徳川家康の都市計画を基礎に造られた江戸の町は、十七世紀末～十八世紀初めの享保期に人口一〇〇万人の世界最大都市に発展する。当時、ロンドンやパリは四～五〇万人都市だったから、江戸は飛び抜けて巨大な都市だった。

現在でも東京を中心とする関東圏（一都六県）は、人口四二〇〇万人を超える世界最大の都市圏である。

人口が多いということは、過密であるということだ。

実際、ヨーロッパと比べると日本は東京に限らず過密なイメージがある。ヨーロッパを旅すると広々とした田園風景を楽しむことができるが、日本はどこへ旅しても所狭しと家が建っているなど、ごちゃごちゃした感じがする。どうして日本は、ごちゃごちゃしているのだろうか。

ヨーロッパの田園風景を見ると、広々とした畑が一面に広がっていて、村ははるか遠くにしか見えない。しかし、これは考えてみると、村が暮らしていくのに広大な畑が必要だったということである。一方、日本は江戸時代の村を見ても、隣り村までの距離が近い。

日本では、少ない農地で多くの人が食べていけたのである。

十六世紀、戦国時代の日本では同じ島国のイギリスと比べて、すでに三倍もの人口を擁《よう》していたとされている。それだけの人口を支えたのが「田んぼ」というシステムと、「イネ」という作物だ。

ヨーロッパではジャガイモや豆類など夏作物を作る畑と、小麦を栽培する畑と、作物を作らずに休ませる休閑地の三つに分け、ローテーションをして土地を利用した。つまり、小麦は三年に一度しか作ることができなかった。この農法は三圃《さんぽ》式農業と呼ばれるのだが、三年に一度畑を休ませないと、地力を維持することができなかった。

これに対し、日本の田んぼは毎年、イネを育てることができる。一般に作物は連作することができないから、毎年、栽培できるイネはじつにあっぱれな植物なのである。しかも昔はイネを収穫したあとに、小麦を栽培する二毛作を行なった。ヨーロッパでは三年に一度しか小麦が栽培できないのに、日本では一年間にイネと小麦の両方を収穫することができた。

さらにイネは、作物の中でも際立って収量が多い。播《ま》いた種の量と収穫して得られた穀物の量の比較を収穫倍率というが、十五世紀のデータでは小麦は五倍しかない。一粒の種を播いて、五粒の小麦しか得られないのである。これに対し、十五世紀のイネの収穫倍率は二〇倍である。

現在でも、小麦の収穫倍率は二四倍だが、イネの収穫倍率はなんと一三〇倍だ。収量をたくさんとることのできないヨーロッパでは、広い面積で農業を行うしかなかった。広々とした田園風景には、そんな理由があったのだ。

日本の田んぼは手を掛ければ掛けるほど、収量が多くなる。やみくもに面積を広げるよりも、手を掛けて稲作を行うことを日本人は選んだ。この稲作の特徴が日本の過密を生み、日本人の内向きな国民性を醸成《じょうせい》したと言われている。

一〇〇万人が暮らす都市、江戸の謎

武士が東国に築き上げた一〇〇万都市、江戸。

しかし、ひと口に人口一〇〇万都市と言っても、簡単に造れるわけではない。まず、一〇〇万人を養うだけの水が必要だ。そして、一〇〇万人が飢えないように食糧を集めなければならない。それだけではない。人が暮らし飯を食えば、出るものが出る。この一〇〇万人分の排せつ物を処理するインフラが整備されて、はじめて都市が成り立つ。

十九世紀のロンドンでは、街を流れるテムズ川から猛烈な悪臭が漂い、伝染病が蔓延した。人口増加に下水道の整備が追い付かなかったのである。

すでに世界の先端をゆく文明国家であったイギリスでさえ、人口増加による衛生問題を解決できなかった。それなのに、ロンドンよりもはるかに人口が多かった江戸で、なぜ河川の汚染、伝染病の蔓延が起きなかったのだろうか。

近代農芸化学の父とされ、植物の成長に必要な三要素（窒素、リン酸、カリ）を明らかにした十九世紀のドイツ人化学者、リービッヒは、日本のあるシステムに注目し絶賛した。それは、人糞尿の農業への利用である。

大名屋敷の下肥は高価だった

江戸の人口が増加すると近郊で盛んに田畑が拓かれ、食糧となる野菜が増産された。保存のできる米は遠くから運んでくることもできるが、日持ちのしない野菜は江戸近郊で生産する必要がある。そして農民たちは、江戸の町から人糞尿を集め下肥《しもごえ》とした。農業をやるには肥料が必要だったからだ。

下肥は金肥《きんぴ》と呼ばれ、農民が金を払って買う肥料であった。人糞尿はけっして廃棄物ではなく、価値のある資源だ。下肥は肥料として用いられ、栽培された野菜を人々が食べる。この優れた循環型システムによって、江戸は人口一〇〇万都市を可能にした。

下肥は商品として流通し、「下肥問屋」と呼ばれる専門の汲《く》み取り業者がいるほどだった。江戸の町人は長屋に住んでいたが、長屋は共同トイレで、その糞尿は大家のものと決められていた。大家はこの下肥を売っていたのである。その売り上げは、長屋の家賃よりも多かったという。よく落語で長屋の町人が家賃を滞納しているが、大家にとっては家賃をもらうより共同トイレを使ってもらうことの方が大切だったのだ。

下肥はその品質によって価格が定められていた。身分が異なると食べているものの品質が異なるので、身分の高い家の糞尿ほど高く売買された。もっとも値段が高いのは、大名屋敷の下肥であった。大名屋敷の下肥は「きんぱん」と呼ばれ特別扱いされたという。

人口一〇〇万都市の人糞尿は見事に肥料として利用され、江戸近郊では豊かな農業が営まれた。河川も汚されることなく、美しく保たれた。なぜだろう。

農地に施された多くの肥料分は川に流れ出て、江戸湾に流れ込んだが、この栄養分は川を汚すほどの量ではなかった。それどころか、栄養分をエサにしてプランクトンが発生し、そのプランクトンをエサにしてたくさんの魚が育まれた。

こうして作られた豊かな漁場が「江戸前」と呼ばれる海だったのである。

「もったいない」という世界が称《たた》える日本語があるが、江戸時代の日本人はあらゆるものを捨てることなく再利用し、循環型社会を実現していたのだ。

完全リサイクルの植物国家だった日本

江戸時代になると新田開発によって、米は増産された。

しかしすでに述べたとおり、米の増産によって米の価値が下がってしまった。米本位の経済では米が貨幣と同じだったから、米の価格が下がると藩の収入も減少する。そこで、諸大名は換金性の高い商品作物の栽培を奨励して領国の経済政策を行なった。たとえば、衣類の材料とする繊維をとるため、アオイ科のワタやアサ科のアサを栽培したり、クワ科のクワを栽培しカイコに食べさせ飼育して、絹を生産したりした。さらに衣類を染める染料としてタデ科のアイやキク科のベニバナなどを栽培したのである。

紙の材料のために栽培したのは、クワ科のコウゾやジンチョウゲ科のミツマタである。

エネルギーはどうだろうか。

油を取るための植物として、アブラナ科のナタネやシソ科のエゴマなどを栽培した。ウルシ科のハゼからは蠟《ろう》を取り、ろうそくを作った。このようにエネルギーさえも、植物から得ていたのである。

江戸時代の日本は貿易を制限した、いわゆる鎖国状態にあった。ということは、食糧はもちろん、すべてのものを国内で自給していたということだ。

現在、日本のエネルギー自給率は約一二パーセント。「衣食住」と言うが、食糧自給率は三七パーセント、住宅建材に必要な木材の自給率は三八パーセント。衣類の自給率に至ってはほぼゼロパーセントである。江戸時代の日本は、これらをすべて自給していた。しかも、このすべてを植物から作り上げていた。

大名たちが造り上げた国は、まさに「植物国家」だったのである。

現在、私たちは、エネルギーはもちろん、生活用品、建設資材など暮らしにかかわるありとあらゆるものを、限りある化石燃料から作っている。何億年も前の大昔に作られた石油などの化石燃料がなければ何もできないのだ。

一方、江戸時代は必要なものすべてを植物から作っているから、資源は枯渇《こかつ》することなく、永続的に再生産が可能である。植物ですべてを作り上げた江戸時代の人たちは、はたして古臭いだろうか。限りある資源を食いつぶしている現代人と比べて、江戸時代の人たちを誰が劣《おと》っていると言えるのだろうか。

第三章

お城にはなぜ松が植えられているのか

――植物を戦いに利用した戦国武将

松の木は軍事用の植物

美しく堂々とした天守閣を擁《よう》する城に、枝ぶりの良いマツはよく似合う。

実際、日本の城には立派なマツが多く植えられている。

マツは極寒の冬にも、葉を枯らすことがない。ときには雪を積もらせながら、緑の葉を茂らせている。そんなマツに、古人は強靭な生命力を感じていた。「松竹梅」や「松に鶴」と言うように、マツは昔から不老長寿のシンボルと称《たた》えられ、「めでたきもの」とされてきたのである。

また、マツは常緑だが、葉を更新するため順番に落葉している。この落葉した松葉を見ると、二本の葉が人字型にくっついている。落ちてなお二本一組で寄り添うこのようすが、夫婦和合のシンボルとして尊ばれたのである。

このようにマツは縁起の良いことから、好んで植えられた。

ただし、城のマツは庭の飾りとして植えられたわけではない。城に植えられた松の木には、じつは重要な意味がある。

城はもともと防御的機能に重点を置いた軍事施設だ。そのため、深い堀を掘り、高く石垣を組んで城を造った。いざ戦いとなれば城にこもって、何日も耐え忍ぶ。一方、敵も城を正面から攻めるのは大変だから、水や食糧の供給路を絶って兵糧攻めにする。もちろん、城も水や食糧は備えている。城の中に井戸を掘り、天守閣の穴倉に米や塩を蓄えたのである。城を巡る戦いは、食糧を巡る戦い。「腹が減っては、戦《いく》さはできぬ」という諺《ことわざ》さながらだ。

そこで、非常食として用意されたのが松の木である。

松の木は樹脂を多く含んでいる。松の木の皮を剝くと白い薄皮がある。この薄皮は脂肪分やたんぱく質を含んでいるのである。

この皮を臼でついたあと、水に浸《ひた》してアクを抜き、乾かして粉にする。これに米を加えて餅にする。これが松皮餅である。

それだけではない。マツの脂分は燃料にもなる。松の木は食糧とエネルギーの安全保障のために植えられていたのである。さらにマツの脂は、傷ついた兵士の止血薬にも利用された。

松の木は、まさに軍事用の植物だったと言えよう。

黒田長政が非常食のワラビを隠した方法

城は戦さの防衛拠点である。敵を防ぐために必要なことは、単に攻められにくいだけではない。戦いともなれば、千人から一万人規模もの人間が城内で毎日、食べ続けることになる。それだけの食糧を用意しなければならないのだ。

関ヶ原の戦いが終わり、徳川幕府が開かれたあとも、徳川の仮想敵である薩摩《さつま》島津家があった九州では、戦さの備えを欠かすことができなかった。

豊臣の家臣でありながら、関ヶ原の戦いで東軍の徳川家についた黒田家の話をしよう。黒田長政は福岡藩の初代藩主となり、福岡城を居城とした。

福岡城には多聞櫓《たもんやぐら》という櫓が現存している。櫓は「矢倉」というくらいだから、弓矢などの武器庫としての役割があった。この櫓の壁材は竹で編まれている。じつは、戦さのときには、この竹を利用して矢を作るようになっていたのである。

この竹を編んでいるのもただの紐《ひも》ではない。驚くことに、干したワラビで竹を編んでいるのである。干しワラビは水で戻せば食糧になる。つまり、緊急時の食糧としてワラビを隠していたのだ。

加藤清正が築城した熊本城は食べられる城だった

熊本城を築城した加藤清正は豊臣秀吉の家臣で、賤《しず》ヶ岳《たけ》の戦いで武功を立てた賤ヶ岳七本槍《しちほんやり》の一人である。秀吉歿後、家康の家臣となり、島津を抑えるため隣接する肥《ひ》後《ご》（現在の熊本県）に配置された。

熊本城は堅固な城である。しかし、熊本城が戦さに使われることはなかった。熊本城が戦いの場となったのは、築城から二七〇年ものちの一八八七（明治一〇）年のことである。西南戦争で政府軍の拠点となっていた熊本城は、西郷隆盛率いる薩摩軍の攻撃を受ける。

薩摩軍一万四〇〇〇人の軍勢が近代兵器の砲撃を繰り返す中、熊本城は五〇日にわたって攻撃を耐えしのぎ、一人の兵隊の侵入も許さなかった。西南戦争に破れた西郷隆盛は「わしは官軍に負けたのではなく清正公に負けたのだ」と言ったと伝えられている。

この難攻不落の城にも、食糧が隠されていた。

加藤清正は朝鮮出兵で厳しい籠城《ろうじょう》戦を経験した。そのため、熊本城を籠城に備えた城として築城したのである。

加藤清正は築城に際し、畳《たたみ》の芯として藁の代わりにサトイモの茎を使ったとされている。サトイモの茎は「ずいき」と呼ばれ、保存食になる。さらに、土壁のつなぎとしても藁の代わりにずいきを練り込み、壁にはユウガオから作った干ぴょうを塗り込んでいたという。

また、熊本と言えば辛子れんこんが有名だが、レンコンももとをただせば熊本城の堀に非常食として栽培されていたものである。

熊本城は至るところに救荒食《こうきゅうしょく》が隠されていた、食べられる城だったのである。

城の防火対策として植えられたクスノキ

城内に植えられたのは食べ物となる植物だけではない。

たとえば、スギは外部からの視界を遮《さえぎ》る目隠しになると同時に、建築材料になるためよく植えられた。ヤダケと呼ばれるササは山の斜面などに自生しているが、城内に移植され、槍や弓矢の材料となった。

先述した食べられる城、熊本城にはクスノキの大木がある。クスノキは常緑広葉樹なので、四季を通じて水分をたくさん含んでいる。木は燃えやすいイメージがあるが、水分を含んだ生きている木は燃えにくい。そのため、防火用に植えられたと考えられている。

播磨《はりま》国（現在の兵庫県）にある国宝の城、姫路城にはタラヨウがたくさん植えられている。タラヨウもまた、常緑広葉樹である。このタラヨウも防火のために植えられたのではないかと考えられている。

城の中にはさまざまな木が植えられているが、植えられている木々には意味があったのである。

徳川斉昭が偕楽園にウメを植えた理由

お城の中には、よく梅園がある。

春に美しい花を咲かせ、詩歌にも詠《よ》まれるウメの木は何とも風流であるが、もちろん城内にウメの木が植えられているのには理由がある。

梅干しの塩分やクエン酸は、疲れた体を回復させる効果がある。唾液《だえき》を分泌させ、喉の渇きを潤《うるお》すこともできる。実際に、戦国時代の武士は梅干しと米の粉を練った「梅干丸《がん》」を常備した。梅干丸は、戦場で倒れたときに唾液を出させる「息合薬《いきあいぐすり》」として用いられたのである。

それだけではない。梅干しは万病の薬と言われ、戦場で食中毒予防の効果も期待された。さらに梅酢は負傷した兵士の殺菌や消毒にも用いられた。戦国武将がこぞってウメの木を植えたのは、ウメが携帯食や携帯薬になる重要な戦略物資だったからである。

武将が残した梅園は今でも各地に残されているが、茨城県にある水戸の偕楽園《かいらく》は特に有名である。

約三〇〇〇本のウメの木が植えられた偕楽園は、一八四二（天保十三）年に水戸藩主、徳川斉昭《なりあき》によって造園された。たくさんの梅の木が植えられた理由は水戸藩の藩校、弘道館《こうどう》にある「種梅記碑」に記されている。

「梅は雪の後にすばらしい花を咲かせ、実は酸っぱくて喉の渇きを潤し、軍の食料になる」

偕楽園のウメは、合戦という言葉がすでに遠い過去となった太平の世に植えられたものではあるが、それでも軍事用という理由で植えられたのである。もしかすると、徳川斉昭はやがてやってくる幕末乱世の時代を見通していたのだろうか。

北条早雲が名物にした小田原の梅干し

北条氏が居城とした地、神奈川県小田原市にある曽我《そが》の梅林も有名である。この梅林の歴史は六〇〇年以上も昔に遡《さかのぼ》る。

北条氏の始祖、北条早雲は不老長寿の薬として食事ごとに梅干しを摂《と》っていた。また、早雲は兵糧にするため、城下にウメの木を植えて梅干し作りを奨励《しょうれい》した。これが曽我の梅林の始まりと言われている。

豊臣秀吉によって北条氏が滅ぼされたあとも、小田原城主によって城下の梅干し作りが奨励された。小田原が梅干しの産地であるのは、小田原に近い国府津《こうづ》の海岸に塩田が広がり、梅干し作りに不可欠な塩が豊富に得られたからでもある。

小田原では「紫蘇《しそ》巻き梅干し」が有名である。これは、戦陣での砂塵《さじん》よけに紫蘇の葉で巻かれたのが始まりと伝えられている。紫蘇巻き梅干しは江戸時代には、「常ノ梅ボシヨリモ香佳《よ》ク美味ナリ、諸国模擬スル者皆遠ク及バズ」と評されるほどであった。

戦国時代の兵糧として兵士の喉を潤した北条氏の梅干しは、平和な江戸時代になると箱根越えの旅人の渇きをいやし、疲れた体を回復させる健康食として小田原の宿《しゅく》の名物となっていくのである。

石田三成と徳川家康、天下を分けた柿

上杉家の軍記『北越軍談』には、「城中にかねて植え置くべき草木のこと」という項目があり、「まつ、くり、えのき、うめ、あおき、くわ、茶、ところ、山いも、かぶら、しょうが、だいこん」など、多くの植物が記されている。

さらに、「食用になる草木を植えるのを心がけよ」と書かれている。籠城となれば、外部からの物の供給が完全に遮断される。食糧はもちろん、すべての物を城内で賄《まかな》えるようあらゆる植物を植えたのである。

『北越軍談』には、植えるべき植物として「渋柿」も記されている。渋柿も干し柿にすれば、甘味のある栄養豊富な保存食になる。干し柿は戦国時代の兵糧食としてよく用いられた。

柿と戦国武将と言えば、次の逸話が有名である。

関ヶ原の合戦に敗れた石田三成は処刑される寸前に柿を勧められて、「柿は痰《たん》の毒であるのでいらない」と答えたという。それを聞いた警護の者は「すぐに首を切られ

る者が、毒断ちして何になる」と笑ったところ、三成は「大志を持つ者は、最期の時まで命を惜しむものだ」と泰然《たいぜん》としていたと伝えられている。

三成が柿を勧められた理由は、喉が渇いた三成が警護の者に水を求めたためである。そして、水はないから柿で我慢しろと干し柿を差し出されたのだ。処刑直前という緊迫した場面で水さえないというのに、護衛兵が柿を持っていたのは、それが戦国武士にとって重要な携帯食だったからだろう。

一方、徳川家康にも柿の逸話がある。

関ヶ原の戦いに向けて現在の岐阜県、揖斐《いび》川まで進軍していた徳川家康は、地元の農家から大きな柿を献上される。そして、「われ戦わずして大柿（大垣）を得たり」と喜んだというのである。大垣は、西軍の石田三成の本拠地となった城下町である。

柿を食べなかった石田三成と柿を食べた徳川家康、この二人は日本の歴史上、大きく明暗を分けた存在となったのだ。

忍者のルーツは薬草探し

忍者のルーツには諸説あるが、山野で修行に励む修験者もその一つと考えられている。人里を離れて山野に暮らす彼らは薬草や植物の知識に優れていた。直接のルーツではないとしても、修験者の知識は忍術に少なからず影響を与えているだろう。

忍者のような諜報《ちょうほう》集団は聖徳太子の時代から暗躍していたとされているが、戦国時代になると、情報戦を繰り広げる武将にとって忍者はなくてはならない存在となった。

何しろ生き馬の目を抜くような戦乱の世。正々堂々と戦うだけではやられてしまう。負けたら最期なのだから、勝つためには手段を選んでいられない。敵の情報を素早く収集し、あるときは諜報戦、あるときは特殊工作を仕掛けながら戦うしかない。そのためには忍者の活躍が不可欠だ。このようにして、各地の大名は独自の忍者集団を召し抱えるようになったのである。

山中に潜《ひそ》みゲリラ戦を戦う忍者にとって、植物の知識は生き抜くために重要なものであった。忍者は山野草を食糧とし、薬草で傷を癒《いや》した。そして、ときには毒草を用いて、敵を殺《あや》めたのである。

忍者と言うと、伊賀忍者と甲賀《こうか》忍者が有名であるが、伊賀忍者には古い伝説がある。紀元前に秦《しん》の始皇帝の命を受けて、徐福《じょふく》が日本に不老不死の仙薬を求めてやってきた。この徐福とともに日本に渡った御色多由也《おいろたゆや》という人が、薬草を求めて伊賀を訪れ、そのまま伊賀に住みつき中国の先進技術を伝えた。これが伊賀忍術の始まりであるとされているのだ。

この伝説の真相は明らかではないが、もし本当だとすると、伊賀忍者の忍術はまさに薬草探しから始まったことになるのである。

忍者が修行に使ったアサ

忍者は超人的な運動能力を持っていたとされる。

この忍者のトレーニングに用いられていたというのが、アサである。アサは繊維をとるために栽培される作物だ。

忍者はアサの種を畑に播《ま》き、この上を毎日飛び越える訓練を行なったという。アサの種を播いた上を飛び越えるのは、簡単である。やがてアサが芽を出してくる。この芽生えの上を毎日、飛び越える。何でもない訓練に思えるが、そうではない。芽を出したアサは日に日に成長していく。そのため、忍者は毎日少しずつ高さを増しながら、この上を飛び越えていくことになるのだ。

アサの成長はとても早い。見る見るうちに茎を伸ばし、三、四カ月のうちに三～五メートルの高さにまで成長する。つまり、この訓練を続けていれば、最後には三メートル以上のアサを越えるだけのジャンプ力が身につくのだ。

一般的に植物が三メートルを超えるまで成長するには、何年も要する。それなのに、アサが数カ月のうちにこれほど成長を遂《と》げるのはなぜだろう。

アサは茎の中が空洞になっている。茎を充実させながら、成長させていくには時間がかかる。そのため、茎の中を空洞にして、少ない材料で茎を伸ばせるように工夫しているのだ。そして、軽くて丈夫なアサの繊維が、衣服の材料としても用いられたのである。

「草」と呼ばれた忍者

山中に身を隠し、植物を知り尽くし、植物を巧みに利用した忍者。その忍者の中には、その名も「草」と呼ばれる者がいた。

忍者の大切な役目の一つが敵の情報収集である。しかし、潜伏しての諜報活動には、限界がある。そこで「草」の出番となる。

「草」と呼ばれる忍者は敵の土地に移住し、一般人を装いながら、何年も何十年もそこで暮らし続ける。そして家族を持ち、子どもも持ち、その地域に溶け込んで忍者としての素性を消し去り、完全に相手に信用されてから情報収集を行う。ときには、敵の権力の内部に入って、いざというときに裏切ることもあったという。

まさに一生をかけて情報収集に当たったのである。しかし、味方が敵国になり、敵が同盟国になる戦国時代のことである。時間をかけて潜伏しても、情報収集が必要ないときもある。そんなとき、「草」はその地域の一人の住人として、まさに一本の雑草のように生涯を終えるのである。

追手から逃れる忍者が使った植物

忍者は追手から逃げるとき、「撒《ま》き菱《びし》」という武器を使用する。

撒き菱は四方にトゲがあり、必ず一本のトゲが上を向くようになっている。このトゲを追手に踏ませ、怪我を負わせて逃げ切るのである。撒き菱は鉄や木を材料にして作られ、鉄で作ったものを鉄菱、木で作ったものを木菱という。

この撒き菱は、もともとは植物のヒシの実が利用された。そのため、「撒き菱」と呼ばれたのである。

二二〇ページで述べるようにひし形という図形は、ヒシの葉や実の形に由来してい

ヒシの実（左）とコオニビシの実（右）

る。

ヒシの実は、両側に二本の鋭いトゲがある。もちろん、ヒシの実にトゲがあるのは忍者に助太刀するためではない。

ヒシの実は軽く、水に浮くようになっていて、水の流れによって実が散布されるようになっている。そして、二本のトゲで浮遊物や岸辺にひっかかって、定着するのである。さらに、ヒシの実のトゲが水鳥の羽毛に突き刺さり、鳥とともに旅立って別の新しい池にたどりつく。こうして、ヒシの実は新天地へと分布を広げていくのである。

ところが謎がある。

ヒシの実には両側に二本のトゲがあると説明した。しかし、二本しかトゲがないと、トゲが上を向かない。四方向に向いたトゲがあるから、一本が上を向く。二本しかトゲがないと、実が地面に倒れ伏せてしまった場合、トゲが上を向かないのである。これでは、追手を食い止める役目を果たさない。

じつはヒシの仲間には、オニビシの変種とされるコオニビシという種類がある。このコオニビシの実は、四方向に四本のトゲが出ている。このヒシの実であれば、撒き菱としての用を足すのである。どんなヒシの実でもよいというわけではなかったのだ。

忍者の火薬の正体はヨモギ

日本に火薬が伝えられたのは、種子島に鉄砲が伝えられたのと同じ一五四三（天文《てんぶん》十二）年とされている。火薬の原料は、硝石《しょうせき》、硫黄《いおう》、炭だ。しかし、硝石は日本では産生しない。そのため、火薬は高価なものだった。

ところが、忍者はそれ以前から火薬の調合を行なっていたと伝えられている。忍者は焙烙玉《ほうろくだま》と呼ばれる火薬を仕込んだ手りゅう弾を、武器として用いていたのである。

しかし、日本に硝石はない。それでは、忍者はどのようにして火薬を作っていたのだろうか。じつは、植物のヨモギを用いたのである。

硝石は硝酸カリウムの結晶だ。そこで、忍者はヨモギに尿を掛けて土中に伏せ込んだ。こうして微生物発酵させ、尿の中のアンモニアと、ヨモギに多く含まれるカリウムを反応させて、硝酸カリウムを作ったのである。

忍者がどこからこの製法にたどりついたのかは、まったくの謎である。

忍者は偉大な植物学者であると同時に、偉大な化学者でもあったのである。

水の中で松明を灯す方法

二〇〇〇年に開催されたシドニーオリンピックでは、グレートバリアリーフの海中をダイバーが持った聖火が移動する水中聖火リレーで話題になった。二〇一四年にロシアのソチで開催された冬季オリンピックでは、トーチを手にしたダイバーが、バイカル湖の水中を持って聖火を運んだ。

水中でも火が消えない特殊なトーチは人々の度肝を抜いたが、じつは、同じような技術はすでに忍者が持っていたというから驚きだ。

忍者は風雨の中で忍び込むために、風雨の中でも消えない松明《たいまつ》を持っていた。これが「風雨松明」である。これをさらに改良したものが、水中でも消えない「水中松明」なのである。

風雨松明は水をはじく樟脳《しょうのう》や松脂《まつやに》、もぐさなどを材料としていた。樟脳はクスノキの成分で揮発《きはつ》性があり、よく燃える。また、松明は「松の明かり」と書くくらいだから、マツの脂は重要な燃料だった。また、もぐさはヨモギの葉の毛で、脂分を含み、お灸《きゅう》に使われるようにゆっくりと燃やす働きがあった。

このように水をはじく植物の油脂を使えば、雨の中でも火を燃やすことができる。しかし、火が燃えるには酸素が必要である。水中松明は、どのようにして酸素のない水の中で燃えることができたのだろうか。

じつは水中松明は、火薬の材料である硝石を含んでいた。硝石は一度火を付ければ、熱分解によって酸素を発生させる。この酸素によって水中松明は水中でも火が消えることなく、灯り続けたのである。

本当に忍者の技術というのは驚くばかりである。

忍者が口臭を消すために使ったハトムギ

忍者は口臭を消す薬をいつも持ち歩いていたという。

もちろん、エチケットのためではない。せっかく身を隠して忍び込んでも、口臭で敵に気づかれては何にもならない。気配を消さなければならない忍者にとっては、口のにおいも消し去らなければならなかった。

このときに用いられた植物が、ハトムギやネズミモチである。

香ばしいハトムギ茶は、現在でも口臭予防の効果があるとされている。忍者は皮ごと炒めたハトムギを口に含んで口臭を防いだのである。

また、ネズミモチをガムのように噛むと口臭が消えるという。ネズミモチに含まれる成分、タンニンには抗菌作用があり、口中の雑菌を除去する。また、健胃効果があるため、胃腸の働きを良くして口臭を取り除くのである。

春の七草の一つで畑や道端に生えるハコベの青汁も用いられた。ハコベは消臭効果のあるフラボノイドを含んでおり、昔は歯磨きに用いられた薬草である。

最近であれば、爽やかなミントの香りで口臭を防ぐというのが一般的かもしれないが、ある研究によるとミントは唾液の分泌を抑えるため、口臭予防には逆効果であるという指摘もある。

口臭をなくすためには、唾液を出すことが大切である。そのため、忍者は草や木の葉をガムのように嚙んで唾液を出させたのである。

野山の植物や雑草で口臭を防ぐとは何とも原始的と思うかもしれないが、そんなことはない。現代の科学よりも、忍者の技のほうが、ずっと合理的なのである。

暗殺に用いられた猛毒植物トリカブト

歴史上、急死したり、病死したりして命を落とした武将は多い。彼らの死因は明らかではないが、毒による暗殺も少なからずあったことだろう。

毒殺によく用いられた植物に、トリカブトがある。

トリカブトは身近な山野に見られる野草である。花も美しく、とても恐ろしい草とは思えないが、その正体は猛毒のある毒草である。トリカブトの毒の主な成分は、アコニチンやメサコニチンなどのアルカロイドである。この毒は、フグのテトロドトキシンに次ぐ猛毒で、トリカブトは植物界、最強の有毒植物と言えるだろう。

俗に不美人な女性を「ブス」と言うが、ブスの語源となった植物がトリカブトである。トリカブトは誤って口にすると神経系の機能が麻痺して無表情になる。このトリカブトに苦しむ表情に由来して「ブス」と言われるようになったのである。

トリカブトは、古くはアイヌ民族がクマを射るための毒矢として用いていた。『東海道四谷怪談』で、お岩さんが飲まされた毒もトリカブトである。

弓や刀で戦うべき武将たちも、ときに毒を利用した。

鎌倉幕府六代将軍・宗尊《むねたか》親王は鶴岡八幡宮の帰りに毒矢で暗殺される。このときの毒矢がトリカブトのものだったと推察されている。

戦国時代では、伊達政宗が実弟を暗殺するのに用いたのがトリカブトであったという。

北条氏に仕えた忍者集団である風魔一族は、トリカブトの毒を使う暗殺者集団としても恐れられていたという。戦国時代に突然の急死、謎の病死を遂げた武将は少なくないが、それがトリカブトによる暗殺だったのかどうか、今となってはすべて闇の中である。

植物の知識で暗躍した甲賀忍者

伊賀忍者と並んで有名な甲賀忍者は、伊賀の里から山一つ隔てた近江国甲賀の発祥である。

一四八七（長享元）年の、「鈎の陣《まがり》」の戦いで九代将軍・足利義尚《よしひさ》に甲賀城を攻められた甲賀武士は山中でゲリラ戦を展開した。これがのちの甲賀忍者集団として有名になるのである。

伊賀忍者は忍術に長《た》けていたのに対して、甲賀忍者は薬草の知識に長けていたという。忍術の極意書『万川集海《ばんせんしゅうかい》』には、甲賀忍者たちが薬草を育て、さまざまな薬を作っていたことが記録されているという。

自然豊かな甲賀では、昔から薬草の種類が豊富だった。そして、甲賀忍者は薬草の知識を戦いに活用していったのである。『万川集海』には、忍薬として忍び込んでいる間の喉の渇きを止める薬や、飢えをしのぐ薬、敵を眠らせる薬や、敵を痴呆状態にする薬など、さまざまな薬の処方が記されている。また、植物の知識を利用して、火薬の製造も行なったのである。

さらに、甲賀忍者は薬草の知識で作った薬を、薬売りに扮して諸国で売り歩きながら、各地の情報を収集した。まさに甲賀忍者は、薬草の知識を最大限に利用していたのである。

信長が開いた伊吹山の薬草園

薬草の効果に目を付けた、織田信長の話をしよう。

信長は甲賀忍者を率いていた六角家を滅ぼしたその年、ポルトガル人宣教師の進言を受けて、伊吹山に薬草園を作らせたと言われている。そこでは、三〇〇〇種に及ぶ西洋の薬草が栽培されていたというからすごい。

信長が薬草園を開いたのは、家臣の怪我や病を治すためだったが、甲賀忍者秘伝の火薬の材料や毒草もまた薬草園で栽培されたという。おそらく、単なる薬草園ではなく、軍事工場でもあったのだろう。

現在、信長の薬草園がどの位置にあったのかは不明だが、伊吹山には今でもキバナノレンリソウやイブキノエンドウ、イブキカモジグサなどヨーロッパ由来の植物が見られることから、信長の薬草園は確かに存在していたと考えられる。

もともと、伊吹山は薬草の宝庫として知られていた。

伊吹山の北側は遠く白山まで山並みが続いている。そのため、寒冷地の植物は山並みに沿って分布を広げているが、最南端である伊吹山よりも分布を南下させることができない。

一方、温暖地の植物は伊吹山の山麓に分布するものの、それより北側の山地には北上することができない。つまり、伊吹山は北方の植物の分布と南方の植物の分布がぶつかり合う場所なのである。

さらに伊吹山は岐阜県と滋賀県の県境にあって、日本海側の気候と太平洋側の気候がぶつかり合う場所でもある。このような多様な自然環境に加えて、石灰岩質という伊吹山独特の土壌条件によってルリトラノオ、イブキレイジンソウ、イブキジャコウソウなどの固有の植物が生まれて、伊吹山は植物の宝庫となったのである。

伊吹山はお灸に使うもぐさの産地としても知られていた。現在でも、せんねん灸の本社は伊吹山のふもとにあり、せんねん灸ブランドとして「伊吹」「近江」などの商品名のお灸が売られている。

また、琵琶湖のまわりには現在でも製薬会社が多い。これは甲賀忍者から脈々と受け継がれた薬草の知識が生かされているのである。

第四章

三河武士の強さは味噌にあり

——地域の食を支える植物

徳川家康家臣団、強さの秘密

徳川家康を支えた三河武士は、勇猛な武士団としてその名が知られていた。

この勇猛な武士たちのソウルフードが味噌であった。江戸幕府を開いたあとも、家康と家臣団は三河の赤味噌を取り寄せていたという。

現在でも名古屋と言えば、味噌カツや味噌煮込みうどんなど味噌文化で知られている。この名古屋の味噌は独特の赤い豆味噌である。

尾張名古屋の名物とされているが、豆味噌はもともと家康のふるさと、三河の特産品である。

味噌は飛鳥時代に、中国から日本に製法が伝えられたとされる。このとき日本に伝えられたのが大豆と塩と水だけで作る豆味噌である。

その後、技術が発達していくと、発酵を早めて味噌作りの期間を短縮するため、米こうじや麦こうじが味噌に加えられるようになった。また、豆を蒸して作る豆味噌(赤味噌)から、味をまろやかにするため豆をゆでて作る白味噌が考え出されたのである。

ところが、三河地域では、昔ながらの豆味噌が作られていた。どうして、三河では豆味噌が作られていたのだろうか。

三河は水の便が悪い台地状の地形が多く、水田を拓《ひら》くことができなかった。さらに、土地がやせているため作物の栽培が困難な地域が多い。そのため、やせた土地でも育つことができる大豆が盛んに栽培されたのである。

大豆がやせた土地で育つのには理由がある。

大豆は、根っこに大気中から窒素を取り込むことができる根粒菌《こんりゅうきん》を共生させている。そのため、窒素分の少ない土壌でも育つことができるのである。

そして、三河のやせた台地でとれる「矢作《やはぎ》大豆」と呼ばれる良質の大豆を利用して、三河では豆味噌が作られ続けたのである。

三河は土がやせていてけっして恵まれているとは言えない。冬には三河の空っ風と呼ばれる厳しい季節風が吹きすさぶ。

家康を支えた三河武士の屈強さは、この厳しい自然環境の中で培《つちか》われたのである。

家康が愛した八丁味噌の由来

三河の赤い豆味噌は「八丁味噌」という。

八丁味噌は家康が生まれた岡崎城から八丁（約八七〇メートル）離れた八丁村（現在の八帖町《はっちょうちょう》）で作られたことから、この名が付けられた。

大豆は水がなくても作ることができるが、味噌作りに水は欠かせない。

八丁村は矢作川の自然堤防の上に位置し、味噌作りに必要な湧水《ゆうすい》が十分にあった。そのため、味噌作りに適していた。さらに矢作川があるので、でき上がった味噌を舟で運ぶ水運にも恵まれていたのである。

八丁味噌作りには、城を造る技術も応用されている。

蒸した大豆を丸め、こうじ菌をつけた味噌玉を直径二メートルほどの巨大な杉の樽に詰める。そして、詰めた味噌玉と同じ重さになるくらい、石を何個も積んで重しとし、それから熟成させるのだが、この石を高く積む技術は城の石垣を積むのと同じものである。石積みの技術は現在でも引き継がれ、味噌作りにとって重要な役割を果たしているのである。

戦国日本を席巻した赤味噌武将たち

三河、尾張からなる現在の愛知県は、最強の戦国武将を輩出している。

織田信長と豊臣秀吉は尾張出身、徳川家康は三河出身。天下統一の歴史を作った戦国の三英傑は、三人とも赤味噌文化圏で育った。

三人は全国各地に家臣や子孫を配置したため、江戸時代の大名のじつに七割が愛知県にゆかりのある武将であると言われている。前田利家、本多忠勝、加藤清正、福島正則、山内一豊など名だたる武将が赤味噌文化圏出身である。

じつは、大豆一〇〇パーセントで作られる赤味噌は、米こうじや麦こうじの入った味噌と比べて栄養分が豊富である。特に、ストレス軽減作用があり、「幸せホルモン」と呼ばれる神経物質セロトニンのもととなるトリプトファンが豊富に含まれている。

つまり、赤味噌を食べるとセロトニンの効果で心が落ちつく一方、気持ちが前向きになり士気が高まる。さらに赤味噌には、脳の機能を活性化させるレシチンが含まれており、迅速《じんそく》で冷静な判断ができる。疲労回復や免疫機能強化に効果のあるアルギニンも含まれており、丈夫な体も維持される。

愛知県出身の武将が活躍したのは赤味噌のおかげだと言われるのも、うなずける話だ。

武田信玄が育てた陣立味噌

味噌というと信州味噌も有名だ。

田んぼが少なく米がとれない山国では、昔から大豆を使った味噌作りが盛んであった。この信州味噌には戦国時代、信濃を支配していた武田信玄が深く関係している。

信玄は「天台座主沙門信玄《てんだいざすしゃもんしんげん》」と名乗り仏教を守護する立場を取り、「第六天魔王」を名乗った織田信長でさえ恐れ、家康も三方ヶ原《みかたはら》の戦いで大敗させられたほどの武将である。

その信玄が考案した「陣立味噌《じんだて》」は豆を煮てすりつぶし、こうじを加えて丸めたものである。こうしておくと行軍をしている間に発酵が進み、味噌として食べることができる。陣立味噌は非常に実用的なので、戦国時代には多くの武将が用いていた。実利主義者、信玄の面目躍如《めんもくやくじょ》たるものがある。

味噌は塩分を摂《と》る上でも都合の良い食品である。信玄が支配する甲斐や信濃は海がないため、塩の備蓄が必要だ。味噌はこの塩分の備蓄という点でも重要であった。

武田家の文書には、「川中島をはじめ信濃国全域の左右五里（約二〇キロメートル）に味噌作りを奨励《しょうれい》すること」と記されている。

川中島は信玄のライバルである越後国の上杉謙信と戦いが繰り返された場所である。信玄は戦いに備えて、味噌作りを奨励したのだ。

この武田信玄の兵糧が、後に信州味噌として全国に名をはせるようになるのである。

信玄が生んだ兵糧食

山梨の郷土食に「ほうとう」がある。ほうとうは小麦粉を練って切った太い麵を、たっぷりの野菜と一緒に味噌仕立ての汁で煮込んだ郷土料理である。

このほうとうも原型は古くから見られたものの、信玄が兵糧食として広めたと言われている。

日本の主食は米であるが、昔は米がとれないところも多かった。田んぼで米を作るのには、大量の水を必要とする。水は上から下にしか流れないから、谷川より高い場所では水を引いて米を作ることができない。そのため、標高の高い山間地では田んぼで米を作ることができない。

米を作ることができないところでは小麦やソバ、雑穀などを栽培した。この小麦から作った太い麵を乾麵にすれば持ち運びが便利で、米よりも早く調理ができる。そのため、ほうとうは兵糧食としても優れていたのである。

仙台味噌に米こうじが少ない理由

信州味噌のように、歴史を遡《さかのぼ》ると軍用食にたどりつく味噌は少なくない。

仙台味噌も、伊達政宗ゆかりの味噌として知られている。

伊達政宗は軍事用の保存食として味噌を重視した。そして、仙台城下に「御塩噌《ごえんそ》蔵《ぐら》」と呼ばれる味噌醸造所を設け、大規模に味噌を製造したのである。この御塩噌蔵は日本初の味噌工場と言われる。

仙台味噌が有名になったのは、豊臣秀吉の朝鮮出兵のときである。夏場の長期戦に他の武将が持参した味噌は腐敗してしまったが、伊達政宗の味噌は品質に優れ腐らなかった。政宗はこの味噌を他の武将にも分け与えたため、政宗の味噌は一気に名声を得た。そして、政宗の持参した味噌は「仙台味噌」と呼ばれるようになったのである。

一般的に味噌は、八丁味噌のように大豆だけで作ると赤味噌となり、米こうじを加えると白味噌となる。

仙台味噌は米こうじが少なく、大豆が多い赤味噌である。家康の本拠地である三河は田んぼが少なかったため、大豆だけで赤味噌が作られた。一方、仙台平野は米どころのイメージがある。どうして、米どころの仙台で大豆の多い赤味噌が作られたのだろう。

東北の覇者である伊達政宗は「遅れてきた武将」と呼ばれる。歴史に「もし」はないが、もし政宗がもう少し早く生まれていれば天下を狙う一人になっていたかもしれない。しかし、伊達政宗が東北を制したとき、天下はすでに秀吉のものとなろうとしていた。そのため、政宗は秀吉や後の天下人である徳川家康の下で辛酸《しんさん》をなめさせられる。

秀吉によって改易された葛西《かさい》氏・大崎氏による一揆《いっき》の鎮圧を命じられた政宗は、一揆を収めたが、一揆扇動《せんどう》の嫌疑を掛けられ居城の米沢城を没収されてしまった。そして、秀吉から一揆で荒れ果てた陸奥《むつ》国中部（現在の岩手県南部、宮城県北部）をあてがわれた。今でこそ豊かな水田地帯である仙台平野だが、当時は湿地が広がるだけの農業には不向きな土地だったのである。

さらに、関ヶ原の戦い後、徳川家康に江戸城改修を命じられ、経済的な負担を負わされてしまう。つまり伊達政宗の仙台藩は当時、米に不足する経済的に厳しい状態だった。

そのため米を節約し、大豆の多い赤味噌を作らせていた。この赤味噌が仙台の名産として、後世まで育まれるのである。

米と大豆の組み合わせは完全食

今では、味噌は調味料の一つにすぎないが、戦国時代の武士にとって味噌は戦陣食としてなくてはならないものだった。保存の利く味噌は干したり焼いたり、味噌玉にして携帯されたのである。

干し葉（野菜）と一緒に干し固めた、現在のインスタントみそ汁のようなものもあったという。焼いたにぎり飯と味噌玉が武士たちの戦陣食である。この飯と味噌というシンプルな組み合わせで、武士たちは十分な栄養をとることができた。

日本の主食である米は、炭水化物を豊富に含み、栄養バランスに優れている。

一方、大豆は「畑の肉」と言われるほど、たんぱく質や脂質を豊富に含んでいる。そのため、米と大豆を組み合わせると三大栄養素である炭水化物とたんぱく質と脂質がバランス良くそろうのである。

それだけではない。米はアミノ酸の中で唯一、リジンが足りない。そして、そのリジンを豊富に含んでいるのが大豆なのである。一方、大豆はアミノ酸のメチオニンが少ないという欠点がある。そして、米はメチオニンを豊富に含んでいるのである。

米と大豆を組み合わせることによって、すべての栄養分がそろって完全食となる。武士たちが戦陣で食べていたにぎり飯と味噌玉は、まさに理にかなった食事だったのだ。

今でもご飯とみそ汁は私たち日本人の食事の基本だが、どちらかというと米が主食で、味噌汁は副食である。しかし、武士にとっては、まったく逆であった。

兵法書には、「味噌が切れれば、米なきよりくたびれるものなり」と書かれている。汗をかく兵士にとっては、ミネラルの補給が重要である。ナトリウムやカリウムを含む味噌は、まさにミネラルたっぷりの栄養補給食品だったのである。

戦国武将を支えた玄米のすごさ

重い武具を身につけ、野山を駆け巡り、刀や槍《やり》を振り回す。そんなパワフルな武士たちは兵糧として米と味噌を食べていた。それでは戦《いく》さのない平常時、戦国武将たちはいったい何を食べていたのだろうか。

戦国武将の食事はじつにシンプルである。日常食もまた、米と味噌。それを一日二食だ。

しかし、食べる量がすごい。一日に米を五合食べたというのだ。これに野菜の入った味噌汁を組み合わせた。シンプルながら、じつに栄養に富んだ食事だったのである。とはいえ、平常時でも米が五合である。いざ合戦となると米一升（一〇合）が支給されたという。米を一〇合も食べると、それだけで五二〇〇キロカロリーになる。これが、戦国武将のパワーの源だったのだ。

ただ、正確に言うと、戦国武士が食べていたのは、白米ではなく玄米であった。玄米食と言えば、現代でも健康食である。糠《ぬか》を取って精米した白米と比べて玄米は、ビタミンやミネラル、たんぱく質が豊富である。

もっとも、戦国武将たちは、健康に配慮してわざわざ玄米を食べていたわけではない。玄米を白米にする精米作業はたいへん手間がかかる。その上、戦国時代は精米技術が十分ではなかった。つまり、戦国武将たちは玄米を食べるしかなかったのだ。

やがて江戸時代になると、白米を作ることができるようになった。しかし白米は玄米のようにビタミンやミネラルを含まない。そのため、白米ばかり食べる江戸の人々は、ビタミンＢ１不足で脚気《かっけ》になってしまった。これが「江戸患い《わずらい》」と呼ばれるものである。

このように、玄米は白米と比べると栄養価に優れるが、欠点もある。玄米は白米よりも消化が遅いのだ。じつは、これを補うのが味噌である。味噌の中には酵母菌や乳酸菌、酵素など、玄米を分解し胃腸の消化吸収を助ける成分が含まれている。味噌は米の栄養を補うだけでなく、玄米の消化を助ける働きもあったのである。

戦国武将はなぜ草食系の食事で戦い続けられたのか

先述のように戦国武将は、一日に玄米五合を食べていた。

大正時代から昭和初期に活動した童話作家、宮沢賢治の詩、「雨ニモマケズ」には、「一日ニ玄米四合ト味噌ト少シノ野菜ヲタベ」という一節がある。

宮沢賢治のような修道者であれば、米と大豆と野菜でよいかもしれないが、戦国武将は野山を走り回り、戦わなければならない。

玄米と味噌を中心とした食事は、確かに栄養バランスは良いが、どんなに栄養が豊富といっても、所詮《しょせん》は米と大豆。肉や魚などの動物性たんぱく質がまるでない。もちろん、たまに魚をとって食べることはあったかもしれないが、魚を常に食べることは難しかった。

最近ではおとなしい男子を指す「草食系」という言葉があるが、戦国武将の食事内容はまったくの草食系だ。パワーの源である肉を食べずに、なぜ重い武具を身につけて戦うことができたのだろうか。

世界を見回してみるとこんな例がある。パプア・ニューギニア人はバナナやタロイモなど植物しか食べないにもかかわらず、筋肉隆々《りゅうりゅう》だ。どうして肉を食べないのに、それほど筋肉質なのだろう。

そこで、パプア・ニューギニアの人々の腸内細菌を調べたところ、窒素を固定する細菌が見られたという。つまり、肉を食べなくても空気中の窒素を取り込み、体内でたんぱく質を合成することができるのだ。

江戸時代の浮世絵を見ると、大工などの職人は筋肉隆々に描かれている。飛脚は一日に一〇〇～二〇〇キロメートルもの距離を走ったという。そして戦国時代、武士たちは壮絶な戦いを繰り広げた。

つまり、昔の日本人は米と野菜しか食べなかったが、腸内細菌でたんぱく質を合成できる体質だったのではないかと考えられる。現代人とは、腸内細菌の構造がまるで違ったのだろう。

関ヶ原の戦いで生米を食べるなと指示した家康

戦国の時代、戦さの勝敗を決したものは何だろう。戦力か戦略か、それとも時の運か。もちろん、それらは重要な要素である。しかし、ときには食べ物が勝敗を左右することもある。

一六〇〇（慶長五）年九月十四日、関ヶ原の戦い前夜は冷たい雨が降っていた。石田三成率いる西軍は岐阜県の大垣城に布陣する。家康率いる東軍は赤坂に陣を敷く。そして両軍は、翌日の決戦を前に関ヶ原に陣を移すのである。

雨が降っているので、陣中で米を炊くことができない。腹を空かせた兵士たちは、生のまま米を食べようとしていた。そのとき、家康は全軍に「雨中であるが生米を食うな」「今よりただちに米を水に浸《ひた》しておき、戌《いぬ》の刻（午後八時）になってよりそれを食うように」と指示をした。

生米は消化に悪く食べると腹を壊す。そのため、水に浸してやわらかくしてから食べるようにと言ったのだ。いかにも戦さ慣れした家康のひと言だ。

一方、西軍の石田三成にとって本格的な合戦はこれがはじめて。兵士が生米を食べないよう指示する細やかな気配りはできなかった。

しかも大垣城から関ヶ原に転陣するとき、東軍の監視下にある中山道《なかせんどう》を避けて雨の中を大きく迂回して移動しなければならなかった。このときの兵士の疲労が少なからず、戦いの結果に影響しただろうと後世指摘されている。

関ヶ原の戦いが終わったとき石田三成は下痢をしていたという。もしかすると、生米を食べたことが致命的な結果を招いたのかもしれない。

どうして生米を食べてはいけないのか

関ヶ原の戦いで、家康は生米を食べてはいけないと言った。なぜだろうか。ここではその理由を考えてみたい。

米というのはイネの種子である。そして、米の栄養であるデンプンはイネの種子が発芽のために蓄えたエネルギー源である。

イネの種子はエネルギー源をより安定的に蓄えておく必要がある。発芽のエネルギー源は実際にはブドウ糖だが、ブドウ糖が鎖《くさり》状に長く連なったアミロースやアミロペクチンという物質が固く結合して、米のデンプンを作っている。

イネの種子はこのデンプンを分解し、ブドウ糖にして発芽のエネルギーにする。人間も、米を食べたあとはデンプンを分解してブドウ糖にしなければならない。しかし、生米のままではデンプンの結合が固すぎて、容易に分解することができない。

一方、デンプンに水を加えて加熱すると、アミロースやアミロペクチンの結合が崩れる。この現象をデンプンのα化と呼び、α化することによって消化されやすくなるのである。

戦国時代、武士は米を蒸して食べた。また江戸時代以降は、米を炊いて食べた。いずれにせよ、米は加熱して食べる必要があるのである。

戦国武士の戦さに備えた一日三食

「一日三食、しっかり食べなさい」とよく言われる。

しかし、先に紹介したように、昔は朝食と夕食の一日二食であった。日本人が三食食べるようになったのは、江戸時代の元禄期（一六八八―一七〇四年）くらいからであると言われている。

行燈《あんどん》や提灯《ちょうちん》などの灯りが普及すると、人々は遅くまで起きているようになった。すると、夕食が遅くなり、夕食までの間に昼食を摂るようになったのである。

一日三食食べるようになったのは、労働時間が長くなった農民や大工などの肉体労働者で、遅い時間に出勤できる武士は幕末近くまで二食であったとされている。

ところが、戦国時代の武士たちも、一日三食食べることがあった。それは戦場において、である。とはいえ、戦場で調理に費《つい》やせる時間は限られている。兵士の動きが活発になる昼間に調理するわけにもいかないので、早朝、朝食と夕食分の米を素早く調理する。

いつ食べるかに関してだが、戦いはいつ始まるかわからない。昼食は食べたとしても、ゆっくり摂っている暇はない。夕食は朝、調理した飯を食べる。

日が暮れれば休むしかないが、戦国時代には夜襲も起こるため夜もゆっくりしていられない。そこで、いつでも戦えるように眠る前に夜食を摂るのである。

まさに「腹が減っては戦さができぬ」の諺《ことわざ》どおり、戦国武士たちは戦さに備えて一日三食を食べていたのである。

忍者が使ったゴマの兵糧食

忍者が使った兵糧食に、「静神丸《せいしんがん》」と呼ばれるものがある。これはゴマをすりつぶして、蜂蜜で固めたものである。

ゴマは現在でも健康食品だが、昔から薬効のある植物とされてきた。

日本最古の医術書である『医心方《いしんほう》』には、ゴマの効能について、「体力が低下したときの治療食」「五臓の疲れを癒《いや》して気力を増す」「脳や神経の組織を強固にして、筋肉と骨格を丈夫にする」などさまざまなことが記されている。

戦国時代に下剋上《げこくじょう》で美濃一国の主となり「マムシの道三《どうさん》」と恐れられた斎藤道三は、もともとゴマの油を売る油売りだったという説がある。斎藤道三が明晰《めいせき》な頭脳で出世の道をのし上がっていけたのは、もしかするとゴマの効能があったのかもしれない。

第五章

織田信長はトウモロコシが好き

――戦国武将を魅了した南蛮渡来の植物

信長が好んだ赤こんにゃく

こんにゃくはサトイモ科の作物である「コンニャク芋」から作られる。

こんにゃくには黒っぽいのものや、白いものがある。コンニャク芋をすりおろして作ったこんにゃくは、コンニャクの皮などが入るため黒っぽくなる。

これに対して、コンニャク芋を一度、製粉してから作ると白いこんにゃくができる。現在、こんにゃくは製粉してから作られるため白い色になるが、昔ながらの黒っぽいこんにゃくも人気があるため、ひじきなどの海藻を混ぜた黒っぽいこんにゃくも作られている。

ところが、滋賀県近江八幡市の名物に白でも黒でもない赤いこんにゃくがある。一見するとトウガラシが入った辛そうな感じや、梅干しが入った酸っぱそうな感じがするが、味はついていない。普通のこんにゃくと同じである。

この赤いこんにゃくは、織田信長に由来すると言われている。

派手好きな信長は、近江八幡の五穀豊穣を祈って行われる「左義長《さぎちょう》まつり」で赤い長襦袢《ながじゅばん》を身にまとって踊り、祭りを大いに盛り上げたという。それ以来、この祭りでは、町の若者たちが女装して山車《だし》をかつぐ奇祭が始まったとされている。

また、この祭りでは炎を象徴する赤紙で山車を飾る。この赤紙にちなんで、こんにゃくを赤く染めるようになったと言われている。

別の説では、派手好みの信長が特に赤色を好んだことから、こんにゃくも赤く染めたと言われている。いずれにせよ、赤こんにゃくは信長の派手好きと無関係ではないのだ。

赤こんにゃくと言うが、特別なコンニャク芋があるわけではない。伊吹山麓で産出される鉱物に三二酸化鉄がある。三二酸化鉄は「ベンガラ」と呼ばれ、建物の朱色の染色に用いられた。赤こんにゃくは、この三二酸化鉄で赤く染められている。

信長が愛した意外な花

織田信長が愛したと言われる花がある。

派手好きな信長のことだ、どんな豪華絢爛《けんらん》な花を好んだのだろう。バラだろうか、ユリだろうか、それともボタンかシャクヤクだろうか。

意外なことに、織田信長が愛したのは、トウモロコシの花だという。現代でも花好きな人は多いが、トウモロコシの花が好きというのは、あまり聞いたことがない。トウモロコシの花とは、どんな花なのだろう。そもそもトウモロコシに花が咲くのだろうか。

トウモロコシの花と言われても、すぐにはピンとこないだろう。何しろトウモロコシの花は、私たちがイメージする花とは少し違うのだ。

トウモロコシは、茎の先端にススキの穂のような花をつける。花びらがあるわけでもなく、まるで目立たない。花と言えば花びらがあるのが当たり前のように思うが、美しい花びらは花が昆虫を呼び寄せるためのものである。トウモロコシは花粉を風で飛ばすので、美しい花びらを必要としないのだ。

どうして派手好きな織田信長が、花びらもない花を好んだのだろうか。

さにあらず、トウモロコシには雄花と雌花がある。茎の先端にある穂は、トウモロコシの雄花である。雄花は花粉を風に乗せるため、茎の一番高いところに花を咲かせるのである。

それでは、雌花はどこにあるのだろう。皮付きで売られているトウモロコシを見ると、もじゃもじゃした茶色いひげがついている。じつは、このひげこそが、トウモロコシの雌花のめしべが萎《しお》れたものなのである。

トウモロコシは雌花も花びらがあるわけではない。長いめしべを伸ばしているだけの花である。トウモロコシの花粉は風に乗って飛んでくるので、長いめしべで花粉をキャッチしようとしているのである。そして、めしべに付いた花粉は、めしべの中を通って受精し、種子を作る。この種子がトウモロコシの粒である。私たちが食べるトウモロコシは、トウモロコシの未熟な種子なのだ。

そのため、めしべであるひげの一本一本は、すべてトウモロコシの一粒一粒とつながっていることになる。つまり、トウモロコシのひげの数と、粒の数は同じになるはずである。トウモロコシはときどき歯の抜けたように粒のないところがあるが、これは、めしべが受粉できなかったからだ。

もちろん、信長が愛した雌花は、トウモロコシのひげではない。私たちが食べるとき、トウモロコシの雌花は咲き終わって萎れてしまっている。

畑で見ると、トウモロコシの茎の中段からめしべが伸びている。これがトウモロコシの雌花である。長く伸びためしべは赤っぽい色をして光沢がある。この糸のようなめしべは「絹糸《けんし》」と呼ばれている。まさにシルクのような美しさ。

トウモロコシの雌花は、派手好きな信長にふさわしい美しい花だったのである。

このように信長はトウモロコシを食べずに花を観賞していたが、けっして信長が勘違いをしたわけではない。そもそもトウモロコシは、日本に観賞用の作物として伝え

トウモロコシ

られたからだ。

トウモロコシは中米原産の作物である。

コロンブスの新大陸（アメリカ大陸）発見以降、トウモロコシはヨーロッパに伝えられたが、人々はどうやって食べてよいかわからなかった。それまで食べていた小麦とはあまりに姿が異なるからだ。しかし、絹糸が美しかったので、トウモロコシは最初、観賞用の植物とされた。

ポルトガルから日本へトウモロコシが伝えられたのは、一五七九年であると言われている。コロンブスの新大陸発見が一四九二年だから、わずか八七年後のことだったのだ。

玉蜀黍の漢字の意味

トウモロコシの名前は、「唐《とう》のモロコシ」という意味である。唐とは中国のことである。「モロコシ」は現在ではソルガムとも呼ばれている作物である。

トウモロコシは一五七九年にポルトガル人によって長崎に持ち込まれた。中国人によってではなかったが、外国から来たという意味で「唐もろこし」と呼ばれるようになった。

地域によって、トウモロコシは、「なんばん」や「なんば」と呼ばれている。「なんばん」は当時の日本がヨーロッパを指して呼んだ「南蛮」のことである。

ところで、トウモロコシは漢字では「玉蜀黍」と書く。どうして「唐もろこし」と書かないのだろうか。

そもそも「もろこし」という言葉は、中国を意味する言葉であった。中国の中に

「越《えつ》」という場所があり、そこから来たものを「諸越《もろこし》」と呼んでいた。やがて、中国全体や中国から来たものを「もろこし」と呼ぶようになったのである。そのため、「もろこし」は「唐土」とも書く。

そして、中国から来たソルガムも「もろこし」と呼ばれるようになった。モロコシは、十四世紀以前に日本に伝来したと考えられている。

モロコシは漢字では「唐黍《とうきび》」と書く。これは中国から来たキビという意味である。つまり、中国から来たキビが「唐黍」、さらに十六世紀にポルトガルから伝えられたものを「唐の唐黍」と呼んでしまったから、トウモロコシを漢字で書くと、「唐唐黍」と「唐」が重なってしまうのだ。

そこで、モロコシのほかの漢字である「蜀黍」に「玉」とつけて「玉蜀黍」という漢字となった。「蜀黍」も「中国の黍」という意味である。そして、玉は黄金色の粒が宝石のように並んでいることから、宝物を表す「玉」という字が付けられたのである。

ちなみに地域によっては、モロコシのことを「とうきび」と呼んだり、トウモロコシのことを「とうきび」と呼んだりしていてややこしい。札幌の大通公園で売られている「焼きとうきび」はもちろん、トウモロコシである。

世界を魅了した新大陸の植物

トウモロコシと同じように、別名で「南蛮」と呼ばれる作物にトウガラシがある。

トウガラシもまた新大陸由来の植物であり、原産地は中南米とされている。

インドを目指して大西洋を航海したコロンブスは、ついに新大陸を発見した。そして世界中にトウガラシが紹介されたのである。

今や、世界の国々にとってトウガラシはなくてはならない植物である。

トウガラシが伝えられたヨーロッパの人々はトウガラシの辛味をあまり好まないが、ペペロンチーノに代表されるようにイタリア料理ではトウガラシはよく使われる。

インドのカレーはもともと、コショウなどの香辛料を使って作っていた。しかし、今では、トウガラシはカレーになくてはならないスパイスだ。

インドのカレーだけではない。タイ料理のグリーンカレーやトムヤムクンに代表されるように、東南アジアでは料理にトウガラシをふんだんに使う。また、四川《しせん》料理のように、中華料理にも辛い味のものが少なくない。

これも、コロンブスの航海のおかげと言えよう。

コショウと呼ばれたトウガラシ

インドを目指したコロンブスが、自分のたどりついたところをインドだと勘違いしていた話は有名である。そのせいで、アメリカ大陸にいた先住民はインド人という意味でインディアンと呼ばれてしまったし、カリブ海に浮かぶ島々は西インド諸島と名付けられた。

コロンブスの航海の目的は、インドからスペインへコショウを運ぶ航路を見つけることにあった。当時、肉を保存するために不可欠なコショウはアジア各地からインドに集められ、アラビア商人たちの手でヨーロッパに運ばれていた。アラビア商人たちが独占するコショウは、金と同じ価値を持つと言われるほど高価なものだったのだ。

インドはコショウの産地だが、コロンブスが見つけた新大陸にコショウはない。そしてコロンブスは、新大陸で見つけたトウガラシをあろうことかコショウを意味する「ペッパー」と呼ぶのである。

コショウとトウガラシは、似ても似つかないまったく別の植物である。

コショウはコショウ科のつる性植物で、小さな粒の香辛料である。一方、トウガラシはナスやトマトと同じナス科の野菜なので、似ても似つかない。植物の姿は見たことがなかったとしても、そもそもスパイシーなコショウのピリ辛と、火を噴くようなトウガラシの辛さとは、ずいぶん違う。

まさかコショウを探しに行ったコロンブスがコショウの味を知らなかったとも思えないが、コロンブスの勘違いによって、トウガラシは今でも「ホットペッパー（辛いコショウ）」や「レッドペッパー（赤いトウガラシ）」と呼ばれている。

いや、もしかすると、コロンブスはわざと間違えていたのかもしれない。

コロンブスは新航路による香辛料貿易の莫大な富と、黄金の国ジパングの発見を約束して、イザベラ女王から多額の資金援助を得ていた。そのため、発見した新大陸をインドだと言い張り、トウガラシをペッパーだと言い続けたのかもしれない。

しかし、トウガラシは、コショウよりも優れた特性を持っていた。コショウは熱帯でしか栽培することができないが、トウガラシは温帯でも栽培できる。また、トウガラシはビタミンCを多く含んでいる。そのため、長い航海で、野菜不足によるビタミンC欠乏症になりやすい船員に欠かせないものとして船に積まれ、世界中へ広がっていったのである。

韓国料理のトウガラシと加藤清正

韓国もトウガラシの影響を受けた食文化を持つ国である。キムチやコチジャンが有名だが、韓国料理にトウガラシは欠かせない。この韓国料理とトウガラシをつなぐのが、戦国武将・加藤清正ではないかと言われている。どういうことか。

トウガラシの日本への伝来には諸説あるが、一五四二年にポルトガル人宣教師が豊後《ぶんご》（現在の大分県）の戦国大名・大友宗麟《そうりん》（義鎮《よししげ》）に献上したという記録がある。トウガラシのことを「南蛮辛子《からし》」や「南蛮胡椒《こしょう》」とも言うのはそのためである。

日本で「唐辛子」と言うのに対して、朝鮮半島では、「和辛子」と言う呼び方がある。それは、朝鮮半島のトウガラシは、日本から伝わったとされているからだ。

一説によると、豊臣秀吉の朝鮮出兵の際、加藤清正の軍が、霜焼《しもや》け予防のため足袋のつま先に入れて持ち込んだのではないかと言われている。秀吉による朝鮮出兵は、朝鮮半島の人々にとっても日本の武将にとっても不幸な侵略であったが、この事件によって朝鮮半島にトウガラシが持ち込まれたのである。

ところで、日本に伝わったトウガラシは食用には用いられず、主に観賞用や、寒さ対策として栽培された。一方、朝鮮半島では日本と異なり、トウガラシの食文化が花開いた。これはどうしてだろう。

時代は遡《さかのぼ》る。鎌倉時代後期、大陸から騎馬民族国家である元《げん》が大軍で押し寄せてきた。「元寇《げんこう》」である。このとき、幸運にも大嵐が起こり、日本は元の侵略を退けることができた。

しかし、元と陸続きであった朝鮮半島は、このときすでに元の支配下にあった。元はもともと騎馬民族なので肉を食べる。朝鮮半島は日本と同じ仏教国なので肉食を禁じられていたが、元の支配下で肉食が習慣化していった。現在、韓国を代表する料理が焼肉なのは、そのような歴史があるのだ。

トウガラシに漬け込んでおけば、肉を保存することができる。朝鮮半島では、このようにしてトウガラシが食文化に溶け込んでいったのである。

江戸時代にはかぶき者が徒党を組んでタバコを吸った

タバコもまた、戦国武将を魅了した新大陸の作物だ。

タバコはナス科の多年草で、南米のアンデス山脈が原産の植物である。トウモロコシやトウガラシと同じように、コロンブスの新大陸発見以降、ヨーロッパにもたらされた。タバコという言葉はスペイン語だが、もともとはアラビア語で薬草を意味する言葉に由来している。

タバコが日本に伝えられた年代については諸説あるが、一説には一五四三年、種子島に漂着したポルトガル船が鉄砲とともに葉タバコをもたらしたとされている。

派手で新しいもの好きな織田信長や豊臣秀吉は喫煙を好んだ。秀吉の側室の淀君《よどぎみ》は日本ではじめてタバコを吸った女性として知られ、一日中タバコを手放すことがないほどの愛煙家だったという。その後、秀吉は「煙草《たばこ》禁止令」を発令する。この理由は明らかではないが、淀君が体調を崩したからだと言われている。また、淀君のヒステリックな行動は、煙草禁止令以降の禁断症状ではないかとも噂されている。

禁煙が難しいのは昔も同じだったらしく、喫煙の習慣が日本からなくなることはなかった。大坂冬の陣図屏風では、陣中で煙草屋がタバコの葉を刻んで売る姿が描かれている。

やがて、秀吉に続いて家康も煙草禁止令を出す。その理由は、当時、「かぶき者」と呼ばれるならず者たちが、目立つために徒党を組んでタバコを吸っていたからだ。現代でも不良の未成年がタバコを吸って格好をつけるが、それは江戸時代も同じだったのだ。

第六章

門外不出だったワサビ栽培

——家康に愛され名物となった植物

家康と信玄の抗争から生まれた門松

正月になると家の門に門松《かどまつ》を立てる。門にマツを飾るから「門松」である。ところが、門松と言うのに、実際には大きなタケが飾られる。よく見ればタケのまわりにマツも飾られているが、どう見ても主役はタケだ。

どうして、門松と言うのに、タケがマツをしのぐような存在として飾られているのだろうか。タケを使った門松が飾られるようになったのは戦国時代以降のこと。その由来について、こんな逸話が伝えられている。

徳川家康が三方《みかた》ヶ原《はら》の戦いで武田信玄に敗れたあとのことである。新年の挨拶に武田方から「松枯れて竹たぐひなきあしたかな」という句が徳川方へ届けられたという。つまり、松平家（徳川家康の旧姓）のマツが枯れて、武田家のタケが栄えるというのである。

これを徳川家の家臣、酒井忠次が濁点のつけかたを変えて「松枯れで（松は枯れず）たけだくび（武田首）なきあしたかな」と読み上げた。そして、武田家への戦勝祈願を込めて、頭を切り落としたタケ（武田）をマツ（松平）で包囲して、門松として飾っ

門松

たのである。

縁起をかついだこの門松は家康が将軍になったあとも続けられ、武家に広まった。そのせいか、武田家ゆかりの地方では、現代でも門松にマツを使わない家があるという。

薬草マニアだった家康

関ヶ原の合戦後、徳川家康は念願の征夷大将軍となり、江戸幕府を開いた。しかし、そのわずか二年後、家康は将軍職を息子の秀忠に譲ってしまう。徳川の世襲《せしゅう》を世間に見せつけることによって、徳川の世を盤石《ばんじゃく》のものとしたのである。

将軍職を退いた家康は駿府《すんぷ》に隠居するが、幕府の実権を握り続け、大御所《おおごしょ》政治を行う。そして泰平の世の中となり、ついに家康は平穏な日々を送るようになる。そのとき、家康が健康維持のため駿府に造ったのが、薬草園だ。

江戸には幕府が開いた小石川植物園があるが、これは五代将軍・綱吉の時代になって開かれたもので、家康が開いた薬草園はさらに古い。

じつは家康は薬草マニアとして知られている。駿府に隠居してからは、薬草園で栽培した薬草を自分で調合し薬を作っていたほどだ。

第三章で紹介したように、織田信長も伊吹山に薬草園を開いていたが、信長の薬草園は戦いのための植物を栽培する軍事施設だった。

これに対し、徳川家康の薬草園は、自身の健康増進のため薬草を集めたものだった。家康が編纂した植物や薬の古文書には相当な知識が詰め込まれ、学者さながらだという。ちなみに、この駿府の薬草園を五代将軍・綱吉が小石川に移転し、八代将軍・吉宗が小石川薬草園（現在の東京大学附属植物園）として整備したのである。

家康が駿府の鬼門封じに植えた果物

一〇〇万都市、江戸は、風水に基づいて造られたことでも知られている。

風水では、北に「玄武《げんぶ》の宿る山」、東に「青龍《せいりゅう》の宿る川」、南に「朱雀《すざく》の宿る海」、西に「白虎《びゃっこ》の宿る道」を配置するのが理想とされる。

たとえば、江戸より以前、風水に基づいて造られた平安京は、北に船岡山、東に鴨川、南に巨椋《おぐら》池、西に山陽道がある。

風水では、北東は邪気が入る「鬼門」とされており、鬼門の反対の南西は、邪気の通り道となる「裏鬼門」とされている。そのため、平安京では北東にある比叡山《ひえいざん》に「鬼門封じ」として延暦寺《えんりゃくじ》を建てた。そして、南西の裏鬼門には大原野神社や壬生寺《みぶでら》を置いて、京の都を護ったのである。

家康が造り上げた江戸の町も、この風水に基づいて設計されている。江戸の町は、北に麹町台地があり、東の方角には平《ひら》川や隅田川がある。南には江戸湾があり、西に東海道がある。そして、鬼門である北東に上野の寛永寺を置いた。寛永寺は山号を「東叡山《とうえいざん》」という。これは東の比叡山という意味である。一方、南西の裏鬼門には、芝の増上寺《ぞうじょうじ》を置いたのである。

家康が隠居した駿府も、風水に基づいて造られている。
駿府の北には竜爪山《りゅうそうざん》、東には巴川《ともえ》、南には駿河湾、西には東海道がある。しかし、鬼門や裏鬼門には、江戸の町のような鬼門封じの寺社がない。駿府の町には、どのような鬼門封じが施されていたのだろうか。

じつは駿府の町には、巨大な鬼門封じがあった。駿府の北東の方角には、霊山である富士山がある。この富士山が鬼門封じなのである。しかし、南西の方角には、富士山に対峙するようなものがない。そこで、家康が行なったのは、駿府の南西の方角にモモを植えることだった。

現在でも、静岡市の南東は「長田《おさだ》の桃」と呼ばれるモモの産地で、「桃園町《ももぞのちょう》」という地名も残っている。

どうして桃が邪気を払うのか

徳川家康は、なぜ鬼門封じの富士山に対して、裏鬼門にモモを植えたのだろうか。

じつは、モモは古くから魔よけの霊木として知られている。日本でもっとも古い神話である『古事記』には、モモの実を投げて鬼を追い払う話が登場する。鬼退治に行く桃太郎もほかでもない、モモから生まれている。

モモはサクラと同じように、葉が出る前に一斉に花をつける。ただし、サクラの花が淡いピンクなのに比べると、モモの花はまばゆいほどに鮮やかな濃いピンク色をしている。

昔の人がモモに魔よけの力があると考えたのは、暗く寒い冬が終わり、春の日差しに輝くモモの花に、生命のエネルギーを感じたからだろう。

モモが邪気を追い払うという信仰は、古くは中国に遡《さかのぼ》る。中国では古くから、モモの木で作ったお札や人形を魔よけのシンボルとして用いていたという。モモの咲く里を理想郷とする、桃源郷という言葉もある。

モモの神聖で明るいイメージには、まさに邪気を追い払う力がある。桃の節句で知られるとおり、モモは春の象徴だ。

また、陰陽では桃は陽の象徴とされる。そのため、家康は富士山に対峙する存在としてモモの畑を作ったのである。

家康お手植えの果物

ほかにも徳川家康が駿府に植えた果物がある。

静岡市の駿府城址には、家康お手植えとされるミカンの古木がある。これは紀州（現在の和歌山県）徳川から駿府の家康に献上されたものを、城内に植えたものである。ミカンは十二～十三世紀頃、中国から肥後《ひご》国に伝わったとされている。やがて江戸時代になると、紀州で産地化される。

この紀州みかんが、家康に献上されたのである。

江戸時代は、駿河を中心に、三河、伊豆、上総《かずさ》から江戸にミカンが出荷されていた。江戸時代の豪商である紀伊国屋文左衛門が、当時江戸で高騰していたミカンを紀州から運搬し富を得たという伝説も知られている。

このミカンは現在、私たちが食べる温州《うんしゅう》みかんとは異なり、小粒で種があるのが特徴だ。もっとも江戸時代初期には、種なしの温州みかんもすでに作出されていた。しかし、江戸時代には温州みかんは人気がなく、ほとんど食べられなかったのである。

紀州みかんと比べると温州みかんは味が良い上に、皮がむきやすく、種もなくて食べやすい。どうして、江戸時代に温州みかんは好まれなかったのだろうか。

温州みかんは種がない。武士の世の中であった江戸時代には、家を存続させることが、もっとも大切なことであった。そのため、「種なし」が「子宝に恵まれない」ことを連想させ、縁起が悪いとされたのである。

おいしい温州みかんが、明治時代になるまで広く栽培されなかったのは、そういう理由なのである。

初夢に見ると良い野菜の謎

正月の初夢に見ると縁起が良いとされるものに「一富士、二鷹、三なすび」がある。

富士山と鷹は、何とも縁起が良さそうだが、どうしてなすびが入っているのだろう。

この由来には諸説ある。一つは徳川家康が好きなものを並べたという説だ。家康は鷹狩りが好きだったし、初物のナスも献上されていた。一六一二（慶長《けいちょう》一七）年の正月には、駿府に隠居した家康に初物のナスが献上されたという記録がある。

あるいは、家康が隠居をした駿河国の「高いもの」を並べたという説も有力である。

富士山は日本一高い山である。二番目の鷹が高いとはどういうことなのだろう。鷹は駿河にある「愛鷹山《あしたかやま》」のことであるとされている。愛鷹山は富士山の南側にある。世界文化遺産の富士山の構成遺産として知られる三保《みほ》の松原からは、海越しに富士山と愛鷹山を望むことができる。

それでは、三番目のナスが「高い」とはどういうことなのだろう。

これは初物のナスの値段のことなのである。

江戸時代、駿河では温暖な気候を利用して、ナスの促成栽培が盛んだった。それがやがて、馬糞や麻屑《くず》などの有機物の発酵熱で加温し、さらに株のまわりを油紙障子で囲うという現代のハウス栽培顔負けの方法で、夏の野菜であるナスの初成りを旧暦の正月である二月にまで早めた。

それだけ手間をかけていれば当然、値段は高くなる。

初成りのナスは一個一両で、大名が縁起物として儀式に使ったり、将軍家に献上されるような高級品だったと言われている。中には、初物のナスが賄賂《わいろ》に使われることさえあったという。

「せめて夢の中では正月にナスを食べてみたい」と庶民が願うのも当然のことだったのだ。

三保半島の折戸ナス

ナスはもともとインド原産の熱帯性作物で、日本では栽培が難しい。そのため、かつては高級野菜だった。

ナスが高級品だったことを示す名残に、「瓜のつるに茄子《なすび》はならぬ」という諺《ことわざ》がある。これは、高級品のナスが安物の瓜のつるなどになるはずがないから、平凡な親からは優秀な子どもは生まれない、という意味である。

ナスは英語で「エッグプラント」という。どうして、卵の植物と呼ばれるのだろうか。

海外でナスを見ると、この理由は一目瞭然である。

海外のナスは白色や緑色をしているものが多い。白いナスを見れば、卵にそっくりである。なるほど卵の植物だと納得できるだろう。

ところが日本のナスには、「茄子紺《なすこん》」と呼ばれる紫色が多い。日本のナスに紫色が多い理由は必ずしも明確ではないが、日本では紫色は高貴な色である。高級な野菜であるナスは、やはり紫色のものが好まれたのではないだろうか。

家康が愛したとされているナスは、三保半島の名産、折戸《おりど》なすである。三保半島は、静岡市を流れる安倍《あべ》川から流れ出た土砂が堆積して長く延びた半島である。砂が堆積した半島は作物を育てるのには不向きだったが、砂は日光を受けて温度が上がるので折戸ナスの促成栽培には向いていた。そこで、江戸時代には一株一株手をかけて育てる折戸なすが盛んに作られたのである。

この折戸なすは丸ナスで、賀茂なすによく似ている。

家康の子で駿府城主から紀州徳川の開祖となった徳川頼宣《よりのぶ》は、駿河から紀州にナスの促成栽培技術を持ち込んだとされている。そして、紀州に持ち込まれた折戸なすがやがて紀州なすとなり、紀州から京都の上賀茂神社に奉納されて、賀茂なすになったのではないかと考えられているのだ。

折戸なすは代々、将軍家に献上されていた。大政奉還《たいせいほうかん》をした十五代将軍・慶喜が明治時代に江戸から静岡へ移ったのちも、徳川家に贈呈されていたという。

門外不出だったワサビ栽培

静岡市の山間地に「静岡のロストワールド」と呼ばれる集落がある。

有東木《うとうぎ》という この集落は、昔ながらの美しい山村の風景を残し、古くからの伝統芸能を今に伝えている。それが、有東木が「ロストワールド」と呼ばれている所以《ゆえん》である。ロストワールドは「今は失われてしまった世界」という意味である。

この有東木は、ワサビ栽培発祥の地として知られている。沢に自生していたワサビを湧水《ゆうすい》池に移植して、ワサビ栽培が始められたのである。

ワサビは漢字で山葵と書くように、葉っぱが葵《あおい》の御紋に似ている。そのため、家康は献上されたワサビを喜び、ワサビの栽培を門外不出の御法度《ごはっと》としたのである。

長い間、ワサビは有東木でのみ栽培されていた。しかし、一七四四（延享《えんきょう》元）年、シイタケ栽培の指導に有東木を訪れた板垣勘四郎が、伊豆天城《あまぎ》に帰郷する際のこと。恋仲になった有東木村の娘から、お礼としてひそかに弁当箱にわさび苗が入れられていた。それが伊豆に持ち帰られ、伊豆の天城でも栽培が始まったとされている。

ワサビを門外不出とした家康の命令も、恋仲の若い二人には勝てなかったということだ。

街道一の贅沢なお菓子

きなこ餅のことを「あべかわ」と言う。この「あべかわ」は、徳川家康が隠居をした静岡市を流れる「安倍川」に由来している。

安倍川上流には金山が多く分布していたのだが、徳川家康が安倍川上流の金山を訪れた際、黄色いきな粉をかけた餅を砂金に見立てて、「金な粉餅にてございます」と献上された。家康はこれを喜び、きな粉をかけた餅を「あべかわ餅」と名付けたのである。

ちなみに、醤油をつけて海苔を巻いた餅を「あべかわ」と呼ぶ地域もあるが、もともと「あべかわ」はきなこ餅のことである。

あべかわ餅が有名になるのは、八代将軍・徳川吉宗の時代である。

江戸時代、高級な輸入品である砂糖は、支払いに金銀が利用された。しかし、吉宗の頃になると日本の金銀が枯渇《こかつ》し、金銀の流出が問題になった。そこで吉宗は、国内でのサトウキビ栽培を奨励し、温暖な駿河国でもサトウキビの栽培が行われた。そして、サトウキビからとれる砂糖を、きな粉餅にかけるようになったのである。

砂糖の国産化によって手に入りやすくなったとはいえ、やはり砂糖は珍しい高級品なので、あべかわ餅は「五文どりの名物の餅」(一個五文もする高価な餅)と呼ばれた。こうして、あべかわ餅は、街道一甘いお菓子として東海道の名物となるのである。

もちろん徳川吉宗もあべかわ餅を好み、駿河国出身の家臣に江戸城であべかわ餅を作らせたと伝えられている。

家康は新茶を秋に飲む

駿府に隠居した徳川家康は、茶の湯を好んだという。

茶と言えば、毎年最初に摘《つ》まれる「初物《はつもの》」の新茶が尊ばれる。新茶の時期と言えば、五月初めの八十八夜。ところが家康は、八十八夜のお茶を新茶としなかった。

家康は静岡の山間地でとれた茶を茶壺に詰めて、夏でも涼しい峠の上で保管したという。こうして冷所で保管する間に茶がワインのように熟成し、味わい深くなる。そして、秋になると峠から駿府の城へ茶を運ばせた。

八十八夜の新茶の時期ではなく、秋になってからその年の茶を愉《たの》しんだのである。機が熟すのをゆっくりと待ち、天下を手にした家康らしいエピソードと言えよう。

江戸蕎麦の元祖も家康

第一章で、江戸で蕎麦が大流行した話を紹介したが、一説によると、江戸蕎麦の起源も徳川家康にあると考えられている。

ソバは縄文時代の遺跡から見つかるほど古くからある作物だ。蕎麦粉をお湯で溶いて食べる蕎麦がきに比べて、「蕎麦打ち」「蕎麦切り」は手間がかかり、高度な技術を必要とする。そもそも麺として食べられるようになったのはいつ頃なのだろうか。

ソバを麺にして食べる蕎麦切りのもっとも古い記録は、長野県木曽郡のお寺に残る一五七四（天正《てんしょう》二）年の文書である。しかし製粉や製麺の技術は鎌倉時代、修行僧によって日本にもたらされたので、それ以前から蕎麦切りは食べられていたのだろう。

蕎麦切り発祥の地は、京都、信州、甲州などいくつか説がありはっきりしていない。いずれにしても寺院が発祥の地で、禅寺の精進料理として食べられていた。それがどのようにして江戸での蕎麦流行へとつながるのか。

駿河の大名であった今川義元は桶狭間《おけはざま》の戦いで信長の奇襲に敗れたことから、愚将と評されがちだが、実際には「海道一の弓取り」と呼ばれ、当時、天下にもっとも近いとされた大大名である。

この今川義元は先進的な京文化を積極的に取り入れ、京都から駿河に蕎麦切りを持ち込んだとされている。この今川義元のもとで人質として過ごしていた徳川家康も、義元の影響を受け、蕎麦文化に触れていた。

小田原の北条氏が滅んだ一五九〇（天正一八）年。豊臣秀吉の命令で、家康が駿府から江戸に移る際、江戸の町造りのため呼び寄せた駿府の職人の中に、蕎麦打ち職人もいた。しかし、おいしい蕎麦を作ることができず、江戸時代の初めの頃は江戸でもうどんの方が人気だったという。

江戸で蕎麦が人気になるのは、小麦粉をつなぎにした二八蕎麦の打ち方が考案され、関東独特の醬油をベースにした蕎麦つゆが発明されてからである（二八ページ参照）。

やがて、江戸時代が終わり大政奉還した徳川慶喜が江戸から静岡に移り住むとき、多くの蕎麦職人が江戸から静岡に移住したとされている。こうして、駿府から江戸に渡った蕎麦文化は、再び静岡に戻ってきたのである。

健康マニアの長寿食はとろろ

「鳴かぬなら鳴くまで待とうホトトギス」と忍耐の人生を送った徳川家康にとっては、長生きこそが天下取りの秘策であった。

天下人であった豊臣秀吉が六十二歳で死に、豊臣秀頼の後見人であった前田利家が六十一歳、家康が一目置いていた加藤清正が五十歳で死ぬと、天下は向こうから家康のもとに転がり込んできた。家康は人一倍、健康に気を付けていた。そして大坂夏の陣の翌年、七十五歳で息を引き取るのである。まさに天下を取るまで死んではならないという執念を感じさせる。

家康が麦飯を常食としていたのは有名だが、健康食として「とろろ」を好んだことも知られている。

ヤマイモは、「山うなぎ」の別名があるほど、滋養強壮効果がある。実際、江戸時代は、土の中のヤマイモが変化してウナギになると信じられていた。しかし、家康が好んだのはただのとろろではない。ヤマイモとレンコンをすりつぶし、一対一の割合でご飯にかけて食べたというのだ。

レンコンをすりおろしてとろろを作るというのは、あまり聞いたことのない人も多いのではないだろうか。

関東で利根川を付け替えて江戸の町を造り上げたように、家康は駿河で安倍川を付け替えて、駿府の町を造った。そして、もともと安倍川が流れていた場所は、広大な湿地となった。この麻機《あさはた》湿地と呼ばれる場所で栽培されたのがレンコンである。

深い泥で育てられる麻機れんこんは、上質なレンコンとして知られており、粘りがある。中でも昔から栽培されている「長れんこん」という在来品種は粘りが強く、切ると納豆のように糸を引く。

おそらく、家康はこの「長れんこん」を使ってとろろ飯を作ったのであろう。

江戸時代から続く静岡のとろろ飯の老舗「丁子屋《ちょうじや》」で家康のとろろ飯復元の取り組みが行われた。老舗の料理人たちは、そんな変わったとろろを作るのは気が進まないようすだったが、いざ食べてみると「これはうまい！」と誰もが唸《うな》った。

まったく家康は、すごいとろろを食べていたのである。

第七章

花は桜木、人は武士

――武士が愛した植物、サクラの真実

日本人はなぜサクラに惹かれるのか

「花は桜木《さくらぎ》、人は武士」という言葉がある。

花は散り際が見事なサクラがもっとも美しく、人はサクラのように散り際（死に際）が潔《いさぎよ》く美しい武士がもっとも優れているという意味だ。

武士の生き方や死にざまは、ときにサクラの花にたとえられる。

日本人は不思議とサクラに惹《ひ》かれる。日本人にとってサクラは特別な植物である。それでは、武士はどのようにサクラを愛してきたのだろうか。武士にとってサクラとはいったい、どのような存在だったのだろうか。

この章では、武士とサクラの関係を見てみることにしたい。そして、武士とサクラの関係を手がかりに、日本人とサクラの歴史を紐解《ひもと》いてみよう。

お花見の始まり

古くからサクラは日本人に愛されていた。

もともとサクラは、水田農業にとって神聖な花だった。サクラの花は決まって稲作の始まる時期に咲く。そのため、人々はそこに稲作の神の姿を見たのである。

サクラの「さ」は田の神を意味する言葉である。

稲作に関する言葉には「さ」のつくものが多い。田植えをする旧暦の五月は「さつき」。植える苗が「さなえ」。「さなえ」を植える人が「さおとめ」である。田植えが終わると「さなぶり」というお祭りを行う。さなぶりという言葉は、田んぼの神様が天上へ昇っていく「さのぼり」に由来している。

サクラの「くら」は依代《よりしろ》という意味である。サクラは、田の神が降りてくる木なのだ。つまり、稲作が始まる春になると、田の神様が山から降りてきて、美しいサクラの花を咲かせると考えられていたのである。

古くから日本には、神様とともに食事をする「共食《きょうしょく》」の慣わしがある。正月の祝い箸が両端とも細くなって物がつかめるようになっているのは、神様と一緒に食事をするためだ。

春になると、人々は神の依代であるサクラの木の下で豊作を祈り、飲んだり歌ったりした。こうして、人々は満開のサクラにイネの豊作を祈り、花の散り方で豊凶を占ったという。

もちろん、これは神への祈りだけでなく、これから始まる過酷な農作業を前に人々の志気を高め、団結を図る実際的な意味合いもあったのだろう。

まさに新年度を迎え、歓迎会をかねて行う現代のサラリーマンの花見と同じだ。これが現在も行われている花見の原点なのである。

サクラよりもウメが愛されていた

農民の間ではサクラが愛されていた。一方、武士が台頭する以前の支配者、貴族の間で「花見」と言えば、サクラではなくウメのことであった。

ウメは、遣唐使によって中国から日本に持ち込まれたとされている。

当時の日本人にとって先進的な文化を持つ中国は羨望《せんぼう》の的だった。日本にやってきたばかりのこの珍しい植物を人々は尊んだのである。しかも中国では、寒さの中に咲くウメの花は「花の中の花」と称《たた》えられていた。そのため、日本の貴族たちはこぞってウメの花を愛《め》でたのである。

『万葉集』にはウメを詠んだ歌が一一八首ある。これに対し、サクラを詠んだ歌は四三首である。

ところが、中国の先進的な文化を日本に伝えていた遣唐使が廃止されると、人々はサクラを詠むようになる。九〇五（延喜《えんぎ》五）年に編纂された『古今和歌集』は、サクラと恋の歌集と呼ばれるほどサクラの歌が多く、ウメを詠んだ歌はわずかになってしまった。

さらに時代を経た一二〇五（元久二）年前後、武士の時代に作られた『新古今和歌集』には、「散る桜」を詠《よ》んだ歌が多くなる。

はかなさをほかにもいはじさくらばな　咲きては散りぬあはれ世の中（藤原実定）

を（惜）しめどもつねならぬ世の花なれば　今はこの身を西にもとめむ（鳥羽《とば》院）

人々は咲いているサクラの中に、散っていくサクラのはかなさを見出していくのである。

武士の美学

やがて、武士が台頭する鎌倉時代になると、貴族が愛していたサクラを、武士たちも観賞するようになった。そして、サクラの散る姿が美しいという感性は、常に死と隣り合わせの武士の間に受け入れられていく。

源平合戦を記した『平家物語』には、サクラの花を歌う和歌がいくつも記されている。その和歌は、無常観の反映だろうか、美しく咲くサクラの中に虚しさを感じたり、散ったサクラを美しいとする歌ばかりである。

やがて戦国時代になると、戦国武将たちは美しく散るサクラの美しさとはかなさに武士の美学を見出すようになる。武田信玄は次のような歌を詠んだ。

たちならぶ甲斐《かひ》こそなけれ桜花　松に千歳《ちとせ》の色はならはで

これは、「立ち並んで咲いているサクラも、千年も変わらぬマツと比べるとはかない」という意味である。そして、今川義元を滅ぼした織田信長は、時代の移り変わりをサクラにたとえてこう詠んだのである。

今川の流れの末も絶えはてて　千本の桜散りすぎにけり

豊臣秀吉の花見

貴族の文化から武士の文化に取り入れられたサクラ。鎌倉時代には、幕府のあった鎌倉にサクラの名所が作られた。室町時代には、足利義満が吉野のサクラを室町に移植した。

そして、戦国時代を経て天下統一した豊臣秀吉は、贅《ぜい》を尽くした盛大な花見を開催する。吉野山の花見と醍醐《だいご》の花見である。

一五九四（文禄《ぶんろく》三）年、秀吉は吉野山で大名以下五〇〇〇人を集めた大規模な「吉野山の花見」を催す。一五九八（慶長三）年には、京都の醍醐寺で一三〇〇人を集めた「醍醐の花見」が開かれた。

吉野山の花見が行われた理由は、派手好みの秀吉の趣向であるとか、苦戦を強《し》いられた朝鮮出兵の気晴らしであると言われている。

跡継ぎの秀頼が生まれると、今度は、豊臣の世が続くように願いを込め、かつ豊臣家の権威を世の中に示すため前代未聞の醍醐の花見を催すのである。

醍醐の花見の参加者は一三〇〇人で、五〇〇〇人を擁《よう》した吉野山の花見よりも人数が少ないが、この一三〇〇人のほとんどは、諸大名の配下の女房女中衆である。つまり、女性ばかりの花見だった。

恋しくて今日こそ深雪花ざかり　眺めに飽かじいくとせの春

これが醍醐の花見の歌会での秀吉の歌である。変わらぬサクラの美しさに、豊臣家の永遠の春を願ったのである。

この花見のわずか五カ月後、秀吉は病に倒れ、百姓から天下人まで上り詰めた壮絶な人生を終える。そして、秀吉が永遠の春を願った醍醐の花見の十七年後の一六一五（慶長二〇）年、秀吉の願いも空しく、豊臣家は大坂夏の陣において滅亡してしまう。

しかし、秀吉の催した花見の宴会は、やがて花見を日本人のレクリエーションとして定着させていくのである。

サクラが造った江戸の町

新しく造られた江戸の町に、サクラはなかった。

江戸時代の初め、天海は徳川家の菩提《ぼだい》寺として上野に寛永寺を建立した。そして、上野の山に、奈良の吉野山からサクラの苗木を取り寄せて植えたのである。

それまでのサクラは、一本のサクラを愛でるというイメージが強かった。

農民にとってのサクラは農業の始まりを知らせる木であるが、ヤマザクラは木によって開花の時期がずれてしまう。そのため、「種まき桜」と呼ばれるような目印となる木が村のシンボルとなったのである。

宮中では「右近《うこん》の橘《たちばな》、左近《さこん》の桜」と呼ばれ、サクラはただ一本だけ植えられるものであった。ところが、上野の山では大量に植えられた桜の花が咲き乱れる。このサクラが江戸の人々の心をわしづかみにした。江戸の人々の桜好きは、江戸の町造りにも利用される。

たとえば、隅田川など川の堤防にサクラの木が盛んに植えられたのである。これには理由がある。

湿地を埋め立てて作った江戸は多くの川が流れており、川の氾濫《はんらん》による水害が絶えない。

水害を防ぐには、頑丈な護岸を造らなければならないのだが、サクラの木を植えることで、サクラの根が張り、土手が丈夫になるのだ。

さらに、花見客が大勢訪れることで、土手が踏み固められる。こうして人を集めるために、堤防にサクラの木が植えられたのである。

サクラは堤《つつみ》だけでなく、埋立地にも植えられた。霊岸島《れいがんじま》（現在の中央区新川）は隅田川の中州を埋め立ててできた場所である。この霊岸島はこんにゃく島と呼ばれるほど、地盤がやわらかい場所であった。そこでこの埋立地にサクラを植えて、人々に踏み固めさせたのである。

八代将軍・徳川吉宗のサクラ

八代将軍・徳川吉宗は、江戸の各所にサクラを植えた。

吉宗は、享保《きょうほう》の改革で質素倹約を推し進めた。その一方で、庶民の不満がたまらないように、行楽の場を整備した。その一つが、現在もサクラで有名な王子の飛鳥山《あすかやま》や品川の御殿山《ごてんやま》である。

吉宗は花見を奨励《しょうれい》するため、花見客向けに茶店を用意したり、自ら宴席を催したという。

花見は娯楽として広まり、江戸庶民はサクラの木の下で酒を飲み、歌ったり、踊ったりして日頃の憂《う》さを晴らしたのである。

こうして江戸の町は、サクラを楽しむ一大テーマパークとして整備されたのだ。

ソメイヨシノの誕生

現在、サクラと言えば、何はなくとも「ソメイヨシノ」である。

しかし、ソメイヨシノが誕生したのは、江戸時代中期の一七五〇年頃のこと。ソメイヨシノは、サクラの歴史の中では比較的、新しい品種なのである。ソメイヨシノは、エドヒガン系のサクラとオオシマザクラの交配で生まれたとされている。園芸の盛んだった江戸の染井《そめい》村（現在の豊島区駒込）では、植木業者が「吉野桜」と呼んで売り出した。

奈良の吉野山はサクラの名所として有名である。ただし、吉野山のサクラはヤマザクラであり、ソメイヨシノは吉野のサクラとはまったく関係がない。

つまり、「吉野」というブランドを借りてPRしたのである。現在でも、「ナポリタンスパゲティ」や「アメリカンコーヒー」のように、まったく関係のない土地を冠したネーミングがあるが、これと似たようなものかもしれない。ソメイヨシノも「吉野桜」というネーミングがウケて、広まっていくのである。

しかし、明治時代になって上野公園のサクラの調査が行われたとき、学者たちは「吉野桜の並木」に植えられたサクラが、吉野のヤマザクラとはまったく違うことを発見する。そして、「染井村で作られた吉野の桜」という意味でソメイヨシノと名付けられた。

ソメイヨシノという名前は、明治になって付けられた名前だったのである。

明治になり、文明開化の新しい時代が訪れると、江戸時代の象徴である大名屋敷や公園の名木は次々に切り倒されていった。

そして、小学校や軍の施設など、近代化の象徴である施設には、新しいサクラとしてソメイヨシノが植えられていったのである。

散り際の美しいソメイヨシノ

ソメイヨシノが広まった理由は、ほかにもある。

ソメイヨシノは成長が早く、手入れも簡単で育てやすい。そのため、次々に苗が生産され、各地に植えられていったのだ。

また、ソメイヨシノはヤマザクラなど、それまでのサクラとは大きな違いがある。

江戸時代に一般的であったヤマザクラは、葉が出てから花が咲く。たとえば、花札の桜を見ると、咲き乱れているサクラの花のあちこちに、葉が描かれている。これがヤマザクラの特徴である。ところがソメイヨシノは違う。

ソメイヨシノは葉が出る前に、花が咲くのである。これはソメイヨシノの交配親であるエドヒガンの特徴である。しかし、エドヒガンは花が小さく、花の数も少ないので、あまり目立たない。ところが、ソメイヨシノは花が大きく、花の数も多いので、枝が見えないほど一面に咲く。

花だけが一面に咲くソメイヨシノは、とても特徴的で華やかなサクラだったのである。

しかも、ソメイヨシノは、接《つ》ぎ木によって増やされているので、増やした苗木は、元の木と同じ性質を持つクローンである。

さまざまな木が植えられたヤマザクラは、木によって花の咲く時期が異なるので、花の時期が長い。ところが、ソメイヨシノは元の一本の株から増やしたすべての木が同じ特徴を持つので、一斉に咲いて、一斉に散ることになる。そのため、ソメイヨシノはより散り際が美しくなるのである。

「花は桜木、人は武士」と言われた武士の時代、サクラはこんなにも見事には散らなかった。そして、この散り際があまりに鮮やかなソメイヨシノのイメージは、悲惨な軍国主義の中で、死の美学を必要以上に助長してしまった。

「咲いた花なら散るのは覚悟みごと散りましょ国のため」

そう軍歌に歌われたように、潔く死ぬことを尊しとする価値観は、一斉に咲き、一斉に散るソメイヨシノによって生み出されたのである。

桜吹雪の真実

武士の散り際を表す歌として、

「敷島《しきしま》の大和心《やまとごころ》を人問はば　朝日に匂ふ山桜花《やまさくらばな》」

が有名である。しかし、この歌は武士が詠んだ歌ではない。江戸時代の文人、本居宣長の歌である。

この歌は、「桜花のように潔く散ることこそ大和魂である」と解釈されることが多い。その一方で、宣長は、「日本人の心はサクラの花のように美しい、そして、サクラの花の美しさを愛でる心が日本の心だ」と詠んだのだと言われる。

というのも、ここで歌われているサクラはソメイヨシノではなく、ヤマザクラだからだ。散り際の潔いソメイヨシノと異なり、ヤマザクラは開花期間も長く、花と同時に葉も展開してくるのが特徴だ。もっとも、ソメイヨシノも花が散った後は葉が芽吹いてくる。

もともとサクラの美しさは、生命の息吹にある。生命にあふれたサクラの花の中に、後世、日本人は散っていく美しさをも見出したのである。

一面に咲き散っていく桜吹雪というと、遠山の金さんが有名である。時代劇で有名な北町奉行の遠山金四郎は、遊び人の金さんとして事件の黒幕を突き止め、桜吹雪の刺青を見せて悪人たち相手に立ち回る。

そして舞台は変わって、奉行所の白洲《しらす》。白《しら》を切る悪人たちに、

「この桜吹雪がすべてお見通しだ！」

と北町奉行の遠山金四郎が片肌を脱ぐと、そこには金さんと同じ桜吹雪の彫り物があり、悪人たちは裁かれる。

舞台や講談、テレビドラマでおなじみの、この桜吹雪の彫り物は、葉が描かれておらず、サクラだけが咲いている。これはソメイヨシノの特徴だ。

しかし、遠山金四郎のモデルとなった遠山景元《かげもと》が活躍した時代、ソメイヨシノはまだ一般的ではなかった。

「この桜吹雪、散らせるもんなら散らしてみろぃ！」

という金さんの名啖呵《たんか》は、散り際が鮮やかなソメイヨシノが広まった以降に作られた演出なのである。

花は桜木、人は武士

そもそも、本章のタイトルである「花は桜木、人は武士」という言葉も、「武士の散り際が美しい」という意味かどうかわからない。

この言葉は、とんち小僧で有名な一休宗純禅師の狂歌の一部であるとされている。

狂歌の全文を見てみよう。

「人は武士　柱は檜《ひのき》　魚《うお》は鯛　小袖《こそで》はもみじ　花はみよしの」

「花は桜木」という言葉は、最初はなかったのだ。

この狂歌は、人と言えば武士、柱と言えばヒノキ。魚と言えば鯛。小袖と言えばもみじが一番という意味である。そして、「花はみよしの」の「みよしの」は、花札の赤短《あかたん》に描かれているように吉野のサクラの意味である。

つまり、花と言えば、吉野のサクラであると歌ったのだ。吉野のサクラはもちろんソメイヨシノではなく、ヤマザクラである。

やがて、この狂歌は「花はみよしの　人は武士」と言われるようになった。それが、歌舞伎の『仮名手本忠臣蔵《かなでほん》』で「花は桜木　人は武士」という台詞《せりふ》として使われ、一般に広まっていった。

もともと武士も散るサクラを愛していたわけではなかった。国語学者の山田孝雄《よしお》は、「日本人が桜を愛するのは散る花の無常観からではないだろう」と指摘している。

武士もまた、咲き誇るサクラを愛していた。そして、サクラの花の下で酒を酌《く》み交わし、楽しいひとときを過ごした。

それは、現代の私たちの花見と何一つ変わらないのである。

第八章

ヨーロッパ人を驚かせた園芸大国

——植物を愛する園芸家となった武士たち

武士が築いた園芸国家

明治時代、植物採集のため日本を訪れたスコットランド出身の植物学者、ロバート・フォーチュンは、江戸の町を見て、「もしも花を愛する国民性が、人間の文化生活の高さを証明するものとすれば、日本の低い層の人びとは、イギリスの同じ階級の人達に較べるとずっと優《まさ》って見える」（『幕末日本探訪記　江戸と北京』三宅馨訳、講談社学術文庫）と評した。

フォーチュンは武家屋敷の庭園の広がりに、手入れの行き届いた木々が植えられているのを目の当たりにする。そして、町のあちらこちらで、植木鉢で育てられている花と品種の多様さにも驚いている。

ヨーロッパでは園芸は貴族の趣味である。それなのに、後進国だと思っていた日本の庶民たちがわずかな面積を活用して植木鉢で植物を育てていることに驚いたのだ。日本では武士から庶民に至るまで、誰もが園芸を愛していた。世界有数の園芸国家だったのである。

万葉の時代から、日本人は花を愛してきた。

戦乱の時代、戦国武将や武士たちは、植物を知り尽くし、戦いや領国経営に植物を巧《たく》みに活用してきた。やがて徳川家康が天下を統一し、戦国時代が終わりを告げると、天下泰平の江戸時代が訪れ、植物の知識が園芸文化として花開く。この園芸ブームを作り出したのが、植物を愛する武士たちであった。

本章では、園芸を愛する武士の文化はどのようにして育まれてきたのか、武士たちがいかに花を愛してきたのか、見てみることにしよう。

戦国武将が愛したチャ

現代では茶道というと、花嫁修業や女性のたしなみというイメージが強いが、もともと茶道は武士の文化であった。

茶は鎌倉時代に薬として中国から日本にもたらされた。飲料としての茶はツバキ科の「チャ」という植物から作られる。チャの葉にはカテキンとテアニンという健康成分が含まれている。

茶のカテキンには眠気防止や疲労回復などの覚醒《かくせい》作用がある。一方、テアニンには鎮静作用があり、心の平安をもたらしてくれる。そのため、覚醒と平安をもたらす茶は、厳しい修行をする禅寺で薬として用いられたのである。

この薬は、生きるか死ぬかというストレスフルな騒乱の世を生きていた戦国武将たちにも受け入れられた。一服のお茶を愉《たの》しむことが戦国武将にとって憩《いこ》いのときだったのである。そして南北朝争乱期から室町時代にかけて、茶は武家の文化として定着していく。

当時の武家や貴族にとって、茶は先進国中国からもたらされる最新の流行であった。茶の道具はすべて輸入品であり、武家は競って陶磁器や漆工品《しっこうひん》を収集したのである。やがてこれら中国からの輸入物である「ひかりもの」に代わって「土もの」と呼ばれる日本の焼き物が用いられるようになり、茶は日本の文化として花開いていく。

茶器の高騰を利用した織田信長

珍しいもの好き、新しいもの好きの織田信長は、高価な茶器を収集した。そして、自らの富と権力を誇示するため、茶会を催し、高価な茶器を披露した。

こうした信長の行いによって、名のある茶器の価値はさらに高まり、ついには一国一城に匹敵するような価値を持つようになる。

茶器の価値が高まるのを、意図していたかどうかはわからない。しかし、それは信長にとって非常に都合の良いことであった。

これまで戦いの手柄の褒美《ほうび》は、恩賞として土地で与えるのが普通だった。ただし、天下統一を進めていくと、新たに手に入る所領はだんだん少なくなってくる。その一方で、天下統一が進むほど味方は増えるから、恩賞を与えなければならない配下の武将は多くなる。当然、恩賞として与える土地が足りなくなってしまう。

信長にとってみれば、褒美として茶器を与えることができれば、新たな土地は必要がなくなるから、都合が良いのだ。

信長の思惑どおりか、武士たちはこぞって褒美として茶器を求めるようになる。

織田四天王の一人である滝川一益《かずます》は、武田討伐の手柄を立てた褒美として、関東官《かんとうかん》領《れい》という重職と上野《こうずけ》（現在の群馬県）一国を与えられた。しかし、一益は茶器をもらえなかったことを残念がったという。栄達や一国よりも、茶器のほうを望んでいたのである。

松永久秀は、織田信長に包囲されたとき、平蜘蛛《ひらぐも》の茶釜を差し出せば命は助けると信長から持ちかけられた。この茶器を信長に渡したくない久秀は、茶釜を自分の体にくくりつけて茶釜もろともに爆死したという。

武士にとって、それだけ茶器が大切だったのである。

石田三成が献上した茶の味

戦国武将とお茶と言えば、石田三成と豊臣秀吉の出会いの場面が有名だ。

鷹狩りの帰り、喉の渇きを覚えて寺に立ち寄った秀吉に、三成は大きな茶わんにぬるいお茶をなみなみと注いで出した。喉が乾いていた秀吉はそれを一気に飲み干す。秀吉がお茶のお代わりを頼むと、三成は二杯目にやや小さめの茶わんに少し熱いお茶を入れて出した。秀吉がもう一杯所望すると、小さな茶わんに熱いお茶を入れて出した。「三献の茶」と呼ばれるエピソードである。

三成は当時、寺の茶坊主にすぎなかったが、相手を観察し、相手の欲しいものを出す三成の気配りに秀吉は感心して、家臣に登用した。

三献の茶は後世の創作とも考えられているが、三成の人となりをよく表した話である。千利休の説いた「一期《いちご》一会《いちえ》」のもてなしを示す逸話でもあろう。

ところで三成は、汗をかいていた秀吉のために、最初にぬるい茶を出したが、ぬるい茶と熱い茶とでは、味が異なることが知られている。苦味成分のカテキンは八〇℃以上の温度で溶け出してくる。そのため、熱いお湯で入れると、苦いお茶になる。

一方、旨味成分であるテアニンなどのアミノ酸は低い温度で溶け出してくる。そのため、低い温度のお湯で入れると、旨味《うまみ》のあるお茶になるのである。

現在でも、一杯目と二杯目でお湯の温度を変えることで、違った味を楽しむことができることが知られている。

煎茶は一煎目と言われる最初の一杯は、ぬるいお湯で入れる。こうしてお茶の持つ旨味や甘味を楽しむのである。二煎目は、旨味成分が溶け出してしまっているので、味が薄くなる。そこで今度は、やや熱いお湯で入れて、苦味を楽しむのである。

武士の美意識を刺激した「利休七選花」

茶道といえば、千利休について触れないわけにいかない。商都、堺との関係を重視した織田信長は、堺の茶人を重用した。その茶人の一人が利休である。

茶は、武家や貴族の高貴な趣味であったが、商家の出身である利休は、豪華な茶器を用意することができない。そのためか、利休は余分なものをできるだけ省いていくという「わび茶」を極めた。

死と隣り合わせの武士たちも、すべてのものをそぎ落とし、自分を見つめる精神を愛した。そして、このわび茶を受け入れていく。やがて、利休の創案した草庵式茶室は、政略の横行する戦国時代にあって、秘密の会談をする場として機能するようになった。同時に、茶室を仕切る利休は政治的な力を持つようになる。

狭く区切った草庵式茶室に生けられたのが、自然を切り取った「茶花」である。利休は「花は野にあるように」と、一輪挿《ざ》しなど素朴な生け花を好んだ。

特に、ハクウンボク（白雲木・エゴノキ科）、ヤマボウシ（山法師・ミズキ科）、ムシカリ（大亀の木・スイカズラ科）、ナツツバキ（夏椿・ツバキ科）、マルバノキ（紅満作・マンサク科）、シロワビスケ（白侘助・ツバキ科）、オオヤマレンゲ（大山蓮華・モクレン科）を好んだ。これは、「利休七選花」と呼ばれている。

千利休は豪華な花よりも、目立たない控えめな花を茶花として選んだ。これが日本の武士の美意識を刺激したのである。

千利休が愛した侘助の由来

利休七選花の中で、ワビスケというのは謎の多い花である。

ワビスケは漢字では「侘助」と書く。

「侘助」は人名のように思えるが、その語源には諸説ある。

ワビスケ

朝鮮出兵の際、加藤清正に仕えていた侘助という人物がこの花を持ち帰ってきたという説がある。

千利休に仕えていた侘助という人物がこの花を育てたという説もある。また、茶人である笠原侘助が好んだことに由来するという説もある。

しかし、残念ながら、どの説も信憑《しんぴょう》性に欠ける。

人名ではなく、「侘

び数寄（好き）」が転じて、ワビスケになったとする説もある。

いずれにしても、ワビスケという奇妙な名前の由来は、今でも不明なのだ。

さらに、ワビスケという植物の由来もはっきりしていない。

ワビスケはツバキの一種で、ツバキよりもひと回り小さな花である。チャノキの白い花にも似ているためチャノキとツバキの交雑種ではないかとされていたが、最近の研究ではそれは誤りで、現在では原種不明の交雑種とされている。

残念ながら結局、正体はわかっていないのだ。

秀吉と利休の植物対立

千利休は織田信長に茶頭《さどう》として取り立てられたのち、豊臣秀吉に仕え三〇〇〇石を賜《たまわ》った。

秀吉と利休との関係を伝えるエピソードは数多ある。中でも有名なものに「一輪の朝顔」と呼ばれるものがある。

利休の屋敷に美しいアサガオが咲いていると聞いた秀吉が、利休の庭を見に行くことになる。

ところが、秀吉が利休の家を訪れると、どういうことか、アサガオの花が一輪も咲いていない。じつは前の日のうちに、利休は庭のアサガオをすべて切り取ってしまったのである。そして、一輪だけが茶室に飾られていた。

アサガオの美しさを見せるために、ただ一輪のアサガオだけを飾り、意外性のある演出で秀吉をもてなしたのである。

しかし、こうした利休の態度が、秀吉の反感を買っていったとする考えもある。天下人である秀吉から利休が「一本取った」形になっているからである。

このときの秀吉の心情を、清原なつの氏は漫画『千利休』（本の雑誌社）で次のように描いている。

「なんや朝顔の茶事という案内なのに一輪も咲いとらへんがや」

「さすがの利休も思い通りに咲かせる花咲爺さんにはなれんかったか」

「さてと」

「利休め…　たった一輪の朝顔か　華麗過剰を喜ぶわっちを田舎もんとあざ笑うかお前の極限まで削《そ》ぎ取れる美意識がにくたらしい」

黄金の茶室を作ったように豪華絢爛《けんらん》を好んだ秀吉と、すべてのものを削ぎ落とし、「侘び」の世界を作り上げた利休とでは、価値観があまりに違いすぎた。それどころか、すべてのアサガオを切り落とした過剰な演出は、秀吉への批判と捉えられなくもなかったのである。

やがて秀吉の逆鱗《げきりん》に触れた利休は、切腹を命じられ果てる。

切腹は、武士に与えられた権限である。千利休も最後は、一人の武士としてその生涯を閉じたのである。

信長は盆栽が好きだった

茶と同じように、武士が愛した植物として盆栽がある。

盆栽の歴史は古く、鎌倉時代には武士の趣味としてたしなまれていたようである。能や謡曲《ようきょく》に演じられる『鉢木《はちのき》』は武士道を称《たた》える鎌倉時代の逸話であるが、この話にも盆栽が登場する。

ある雪の夜、貧しい老武士の家に旅の僧が一夜の宿を求める。老武士は薪《まき》がないので、大切にしていた鉢植えの木を切って焚《た》き、精一杯のもてなしをする。そして、僧を相手に、自分は落ちぶれているが一旦緩急あらば痩《や》せ馬に鞭《むち》を打ち、いち早く鎌倉に駆け付け命懸けで戦う所存であると語る。その後鎌倉から召集があり、この老武士も駆け付けるが、あのときの僧はじつは前執権・北条時頼だったことを知る。そして、時頼は老武士に礼を言い、恩賞を与えるのである。

また、織田信長も、盆栽が好きだったと言われている。高価な茶器を求めるのと同じように、盆栽を集めたのである。もっとも、信長の時代には「盆栽」という言葉はなく、「盆景《ぼんけい》」と呼ばれていた。盆景は盆の上に、石や草木、砂などを配置し、どちらかというと箱庭に近いものだった。

盆景の歴史も古い。植物を鉢植えにすることは、平安時代にはすでに行われていた。そして、武士の時代である鎌倉時代になると鉢植えの文化が展開してくるのである。鎌倉時代や室町時代には、すでに枝を曲げたような異様なものが求められたという。室町幕府の八代将軍・足利義政も、盆景を愛好していたという。戦国時代に武士の高尚な趣味として親しまれていた盆景は、江戸時代になると盆栽と呼ばれるようになり、植物を主体としたものになっていった。

江戸幕府の三代将軍・徳川家光も盆栽を好んだという。

そして、平和な江戸時代に仕事の少なくなった武士の副業として、盛んに行われるようになるのである。

なぜ江戸時代に園芸ブームが起きたのか

戦国時代、武士は茶道で茶花を愛し、盆栽を愛《め》でてきた。戦いに明け暮れる中で、武士は植物に癒《いや》されていたのである。

こうした植物に対する親しみは、平和な江戸時代になると、園芸ブームを起こす。しかし、園芸ブームを支えるには、植物の知識に詳しい人が必要だ。

その人材輩出の基礎となったのは、江戸に置かれた大名屋敷であった。

自分の領地において、自らの権威を示すのは城である。しかし、江戸では立派な城を顕示《けんじ》するわけにはいかない。そこで将軍家から賜った大名屋敷に美しい庭園を造り、自らの権威を示したのである。しかも、江戸には諸藩の大名屋敷が置かれたから、競い合って美しい庭園を造った。

江戸の町の土地利用は、大名屋敷やその家臣の武家屋敷などの武家地で七割弱が占められていた。江戸は巨大な庭園都市だったのである。この庭園を造園し、維持管理するために、多くの植木職人や造園業者が江戸に集まってきた。特に染井《そめい》や巣鴨に植木屋業が発達した。一四三ページで紹介したように、染井は、サクラのソメイヨシノを生んだ土地である。

それだけではない。園芸家顔負けの植物知識を持った武士たちが、江戸の園芸ブームを支えた。太平の世、兵士である武士の仕事は限られる。非番の日も多かった。そのため、武士たちは園芸に励み、そして副収入を得たのである。

誇り高い武士が園芸に勤《いそ》しむのは意外な気もするが、何しろ将軍が花好きだったため、園芸は武士のたしなみとされた。

植物好きであった家康は、江戸に幕府を開くと城内に「御花畑」を拓《ひら》き、植物を収集した。これが江戸の園芸の始まりである。そして、二代将軍・秀忠や三代将軍・家光も花好きであった。

将軍が花を好むとなれば、諸大名も趣味を合わせないわけにはいかない。花好きの徳川将軍のために、諸藩はこぞって珍しい植物を栽培し、献上した。そして、各藩では藩士の情操教育や精神修養のために、積極的に園芸を奨励《しょうれい》したのである。

こうした武家の園芸ブームが徐々に商人や町人に広がり、江戸時代は空前の園芸ブームとなるのである。

ツバキは縁起が悪いは俗説

本格的な、江戸時代の園芸ブーム火付け役となったのは、「ツバキ」であるとされている。

二代将軍・徳川秀忠は無類のツバキ好きで、諸国から珍しいツバキを集めた。そして、三代将軍・家光もツバキの愛好家であった。しかし、将軍をはじめとした武士たちがツバキを愛していたと聞くと、意外に思う人もいるのではないだろうか。

俗に「ツバキは縁起が悪い花」と言われるからだ。それは、ツバキの花がポトリと落ちるようすが打ち首の首が落ちるようすに似ていることから、武士が嫌ったことに由来する。しかし、これは明治以降に作られた俗説である。

冬の間も葉を枯らすことなく青々と葉を茂らせ、春に先駆けて真っ赤な花を咲かせるツバキは、古来、生命力のある神聖な木とされてきた。寺院によくツバキの木が植えられているのは、そのためだ。そして、武士もツバキの花を愛していたのである。

そういえば、映画『椿三十郎』で、登場人物である次席家老の屋敷は椿屋敷と呼ばれるほどツバキがたくさん植えられていた。実際に、武士は生命力の強いツバキを好んで屋敷に植えていたのである。

ハナショウブを三〇〇品種以上育成した武士

ツバキに始まった江戸の園芸ブームでは、さまざまな花々が一世を風靡《ふうび》した。「立てば芍薬《しゃくやく》、座れば牡丹、歩く姿は百合の花」と美人の形容に用いられたシャクヤクや、ボタン、ユリもさまざまな品種が作出された。

また、ツツジやカエデ、フクジュソウなど、さまざまな花で品種改良が加えられた。中には、武士が仕掛けた園芸ブームもある。

ハナショウブのブームを作ったのは、二〇〇〇石を領する幕臣の松平定朝である。定朝は一七七三（安永二）年に生まれ、一八五六（安政三）年に歿するまで、野生種からさまざまな園芸品種を作り出していた。

ショウブは「尚武《しょうぶ》」（武を尊ぶ）に通ずることや、尖った葉先が刀剣に似ていることから、武士に好まれた。彼が生涯に育成したハナショウブの品種は三〇〇品種以上。現在品種のハナショウブの花形や花色のほとんどは、この松平定朝によって育成されたと考えられている。

また、松平定朝の弟子の旗本、万年録三郎が江戸の堀切《ほりきり》村に花菖蒲園《はなしょうぶえん》を作ったとされる。これが現在の堀切菖蒲園（葛飾区堀切）である。この堀切菖蒲園が、現在、各地で私たちを楽しませてくれている花菖蒲園の元祖であるとされている。

さらに肥後《ひご》熊本では、ハナショウブの改良が盛んに行われた。もともとは、肥後藩士の吉田潤之助も松平定朝に師事した。そして、定朝が吉田潤之助に帰郷の際に持たせた品種がもととなって、のちの肥後花菖蒲が作られたのである。

松平定朝は吉田潤之助に苗を持たせる際に、その品種を門外不出とすることと、その品種を元に、良い新品種ができた場合は、江戸に戻すことを約束させた。この約束は頑《かたく》なに守り続けられており、肥後花菖蒲は現在も門外不出である。

「御鉢植え作る」と名乗った武士

オモトは、山野に自生するスズランに近い仲間の植物である。

オモトは漢字で「万年青」と書く。その漢字のとおり、一年中、常緑で緑を保ち、寒い冬の間に鮮やかな赤い実をつけることから縁起が良い植物とされていて、子孫繁栄や家内安全の縁起物として栽培されてきた。

古くから品種改良も行われており、徳川家康が江戸城に入るとき、床《とこ》の間《ま》に飾られ

オモト

ていた植物がオモトであったという。

江戸時代には、主に大名家で栽培されたとされている。

このオモトの大流行のきっかけとなったのが、五〇〇〇石を領する幕臣の水野忠暁《ただあき》である。忠暁は、園芸名を自ら「御鉢植作留蔵《おはちうえつくるぞう》」と名乗るほど園芸好きであった。珍品奇品の品種を収集するのが好きで、オモトも斑《ふ》入りのものや実の変わったものなど、変異個体を見つけ出しては、さまざまな奇品のオモトを収集していった。いつの世も、マニアはレアな珍品を重んじるのである。

水野忠暁の創り出した珍品奇品の世界は、江戸時代のコレクターたちを魅了し、珍品の植物は高値で取り引きされるようになる。一芽百両という高価な価格で取り引きされたオモトもあったという。ちょっとしたオモトバブルだ。

やがて微禄の武士たちの財テク投機の対象となるまで、ブームを引き起こしてしまった。また、一攫《いっかく》千金を夢見て、オモトの珍品の育成に力を注いだ武士たちも少なくなかったという。

水野忠暁が愛好した斑入りの植物は、葉の中の葉緑素が失われる突然変異である。植物にとって葉緑素は、光合成を行うために重要なものなので、葉緑素がないという変異は生育する上で不利である。それだけ斑入りの植物を栽培することは、難しい。また、オモトの斑入りは、植物ウイルスの感染による可能性もある。

ウイルスに感染すると、葉緑素が失われて斑入りになるのである。ウイルスはほかの株に感染してしまう場合は危険な病気だが、その株だけにとどまっていれば、遺伝的な斑入りとまったく同じように扱うことができる。そのため、植物の斑入り品種は、実際にはウイルスによるものも多い。十七世紀にオランダでチューリップの珍品が高騰した、チューリップバブルで人気を博した斑入りのチューリップも、ウイルスによるものである。

江戸時代に流行った珍品マツバラン

江戸時代に流行った植物の中でも、珍品中の珍品がマツバランと呼ばれる植物である。

マツバランは、中部以西の暖地に自生している。松葉に似た葉を持つことから、「松葉蘭《まつばらん》」と呼ばれているが、実際にはランの仲間ではなく、シダ植物である。マツバランは古生代の生き残りであると言われている。恐竜が繁栄していたのが中生代だから、マツバランは恐竜よりも古くからある植物なのである。

古生代、魚類が陸地に上陸を果たし、両生類に進化を遂《と》げた。この時代に、植物もまた水中から陸上に進出したのである。マツバランは、最初の陸上植物の一つであると考えられており、じつに原始的な形をしている。

「根も葉もない噂」という表現があるが、驚くことにマツバランには根も葉もない。松葉のように見えるマツバランの地上部は、葉ではなく茎である。茎が二叉《ふたまた》に枝分

マツバラン

かれし、その枝がまた二叉に分かれるというじつに単純な構成で、マツバランの体は作られている。

植物には体を支え、水や養分を吸うための根がある。マツバランに根がないというのは、どういうことだろう。じつはマツバランは地面の上も地面の下も、同じ構造をしているのである。マツバランには根がなく、その代わりに茎が伸びている。

そして地面の下の地下茎も地面の上と同じように、二叉に分かれながら広がっていく。つまり、マッツバランを引き抜くと、地面の上と地面の下が同じような構造をしているのである。

マツバランは根がないので、地下茎に共生している菌根菌《きんこんきん》の力を借りて養分を吸収している。

マツバランは見るからに奇妙な植物である。しかし、江戸時代の愛好家は形の変わったものや色の変わったものを選び出し、さまざまな珍品種を作り出していった。一八三六（天保《てんぽう》七）年に出版された『松葉蘭譜』には、じつに一二二種もの品種が記されている。

マツバランはじつに繊細な植物で、人が触ると生育が悪くなる。そこで、マツバランの鉢植えは金網で覆いがなされた。金網はさびないように、金や銀で作られた。こうして、マツバランはなおさら高価な鉢植えとなったのである。

武士も「かわいい」が好き

サクラソウは武士階級で流行した植物である。

現在、サクラソウというとヨーロッパの品種が一般的だ。これらのサクラソウは、園芸名では「プリムラ」と呼ばれている。小さくてかわいいプリムラの花が女性に人気なのはわかるが、武士が愛好するには少しかわいらしすぎる気がしてしまう。

サクラソウの流行は、十一代将軍・家斉の文化・文政期（一八〇四―一八三〇）に旗本など武士の間で起こったとされている。武士が愛したのは日本に自生するサクラソウで、名前の由来はサクラの花に似ているからである。

日本のサクラソウは、やや湿った草原に自生する。江戸時代の武士たちは江戸を流れる荒川沿いの自生地から、サクラソウを採取しては育てて愛でたという。

それにしても、屈強な武士がこんなかわいらしい花を愛好したとは意外だ。もともとは、鷹狩に出かけた徳川家康がサクラソウの美しさに惹《ひ》かれ、江戸城に持ち帰ったことがきっかけとなり、将軍家がサクラソウの栽培を奨励したと言われている。

武士たちによってサクラソウは改良され、さまざまな色や形の品種が作出された。その品種数は二〇〇〇種にも及ぶという。

サクラソウの品種改良は、連と呼ばれるグループごとに競われ、その技術は門外不出とされていた。そのため、残念なことに明治時代になって武士の世が終わると、サクラソウの品種改良は秘伝のまま、その技が途絶えてしまったのである。

各地で奨励されたキク栽培

日本人はキクの栽培が好きである。現在も、庭先にはキクの鉢植えがよく置かれている。また、秋になると各地で菊花展が催され、多くの愛好家が腕を競う。

江戸時代には、武士の間でもキクの栽培が行われていた。

栽培ギクは中国が原産で、北方系のチョウセンノギクと南方系のハイシマカンギクの種間雑種に由来していると言われているが、じつはキクの由来ははっきりしていない。

キクは千年以上前に栽培化され、古い時代に日本に伝えられたとされている。キクは古くから、高貴な花として貴族に愛されてきた。京都の嵯峨地方で育成されたとされるのが嵯峨菊。これが伊勢でさらに改良されて伊勢菊となった。

やがて江戸時代になると各地で栽培されるようになった。園芸は手作業を持続する集中力と、じっくり育てる精神力を必要とする。各地の大名は武士の精神修養のため、キク栽培を奨励した。有名なものには肥後菊、美濃菊、奥州菊、江戸菊などがある。

特に、熊本藩八代当主の細川重賢《しげかた》が武士のたしなみとして大いに園芸を奨励し、植物の栽培が盛んに行われた。こうして作られたのが、肥後椿、肥後芍薬、肥後花菖蒲、肥後朝顔、肥後菊、肥後山茶花《さざんか》の「肥後六花」と呼ばれる花々である。

肥後六花は、どれも大輪の一重咲きである。豪華絢爛というよりも、品が良く、端正な、いかにも武士好みの花ばかりである。

肥後六花ばかりでない。武士たちは独特の美意識で、江戸の園芸文化をリードしていたのである。

失意の松平定信が楽しんだ贅沢

八代将軍・徳川吉宗の享保《きようほう》の改革、老中・水野忠邦の天保の改革と並ぶ江戸時代の三大改革に、松平定信の寛政《かんせい》の改革がある。

松平定信の改革は、質素倹約を基本とし、厳しい緊縮財政と、徹底した倹約令を実施したことで知られている。倹約令は武士だけでなく庶民にまで及び、華美な衣服などの贅沢《ぜいたく》を禁じ、歌舞伎などの芝居や浮世絵、御伽草子《おとぎぞうし》などの出版も規制を受けて、庶民たちの娯楽を奪っていった。結果、あまりの厳しさは庶民の反感を買うとともに、緊縮財政で景気は後退。寛政の改革は失敗に終わったとされている。

この倹約を徹底した定信自身は、園芸の愛好家であったことが知られている。寛政の改革に失敗し老中職を退いたとき、定信はじつに三十六歳。

失意のままに、表舞台から去った彼を癒してくれたものこそが、植物だった。

定信はさまざまな植物を手当り次第に収集し、江戸時代後期では屈指のコレクターであったとされている。そして、あれほど倹約を唱えながら、彼は自らの余生では、広大な屋敷に多くの高価な園芸植物を収集し、一人、贅沢を楽しんだのである。

アサガオブームの仕掛け人

文化・文政の頃、尾張でアサガオの鉢栽培が流行し、やがて江戸や上方でもアサガオが流行した。このアサガオのブームの仕掛け人となったのが、尾張藩士・三村森軒《しんけん》である。

当時、尾張では多くのアサガオの品種が栽培されていたが、彼は鋭い観察眼からアサガオの変異に着目した。そして、のちに江戸で流行する「変わり朝顔」の原型となる品種を作出したのである。ちなみに三村森軒は、その後、藩の薬草園の責任者となり、尾張藩が八代将軍の徳川吉宗から賜ったチョウセンニンジンの研究を重ね、日本でのチョウセンニンジンの栽培に成功した。

三村森軒が作出したアサガオをきっかけにして、江戸の下級武士たちは、珍しいアサガオの品種改良を内職にするようになったという。

それらの下級武士たちによって、江戸時代には、「変わり朝顔」と呼ばれる奇妙な形をした品種が次々に作出された。

変わり朝顔は、花が細かく割《さ》けていたり、花が異常に丸まっていたり、キキョウの花のようなものや、ボタンの花のようなものなど、色も形も奇妙な、現在のアサガオとは似ても似つかないようなものばかりである。

江戸時代に作出された変わり朝顔は一〇〇〇種類にも及ぶという。中には黄色いアサガオもあったというから、驚きだ。

残念ながら、変わり朝顔は、現在では多くが失われてしまった。これらのアサガオは、現在の品種改良技術やバイオテクノロジーを駆使しても、再現が難しいとされている。

江戸時代の下級武士たちは、偉大な植物学者であり、高度な園芸技術者だったのである。

メンデルの法則を理解していた下級武士

このような奇形のアサガオは劣性の遺伝子によって引き起こされる。

しかし、メンデルの法則で明らかになったように劣性遺伝子と優性遺伝子をかけ合わせると、優性遺伝子の形質が現れてしまい、劣性遺伝子の形質は見られなくなってしまう。つまり、劣性遺伝子の形質を利用しようとすれば、劣性遺伝子と劣性遺伝子どうしをかけ合わさなければならないのである。

変わり朝顔は、このような劣性遺伝子のかけ合わせを繰り返すというじつに繊細な作業によって、はじめて可能になる。次々と奇形アサガオを作り出す高度な品種改良が、偶然起こっているとはとても思えない。

ということは、アサガオの品種改良を行なっていた下級武士たちは、メンデルの法則を理解して品種改良を行なっていたとしか考えられないのである。

メンデルによって遺伝の法則が報告されたのは、一八六五年。江戸でアサガオが流行したのは、文政期（一八一八～一八三〇年）のことだから、江戸の下級武士たちは、メンデルよりも早くこの遺伝の法則を知っていたことになる。

第九章

徳川家の家紋はなぜ三つ葉葵なのか

――武将が愛した植物の家紋

三つ葉葵のモチーフとなった地味な植物

「この紋所《もんどころ》が目に入らぬか」

懐《ふところ》から出した印籠に記された三つ葉葵《あおい》の御紋に、悪代官どもは一斉に地面にひれ伏す。

「こちらにおわす御方をどなたと心得る。畏《おそ》れ多くも前《さき》の副将軍・水戸光圀《みつくに》公にあらせられるぞ。一同、御老公の御前である、頭《ず》が高い、控えおろう」

溜飲の下がる、ご存じ、『水戸黄門』のクライマックスだ。

今まで斬りかかってきた悪者たちが態度を一変させるのは、三つ葉葵の御紋が将軍家である徳川家の家紋だからだ。今や葵の御紋はキーホルダーなどで土産物屋でも安く買えるが、身分制度が明確であった江戸時代、葵の御紋は畏れ多い存在だったのである。

それにしても、そもそも「三つ葉葵」のモチーフとはどのような植物なのだろう。アオイと聞くと、花の美しいタチアオイやトロロアオイなどアオイ科の植物を連想するかもしれない。しかし三つ葉葵の葵は、このアオイとは似ても似つかないまったく別の植物である。

徳川家の三つ葉葵のモチーフとなったのは、ウマノスズクサ科のフタバアオイという植物である。じつはアオイ科の植物は、このフタバアオイに葉が似ていることから「アオイ」と呼ばれるようになったのである。

アオイ科のタチアオイが二メートルにも伸長し、大きくて色鮮やかな花を咲かせるのに比べると、フタバアオイは山林の地面の際《きわ》に生える小さな植物でしかない。花も、葉の根元の地際に一センチあまりの茶褐色の小さな花を咲かせるという、惨《みじ》めなまでに地味な植物だ。

フタバアオイは不思議だ

三つ葉葵のモチーフとなったフタバアオイは、不思議な植物でもある。植物が花を咲かせるのは、昆虫を呼び寄せて花粉を運ばせるためである。

たとえば、美しいタチアオイの大きな花にはアゲハチョウが訪れる。ところが、フタバアオイの花は暗い森の中でまるで目立たない。フタバアオイの花にはどんな虫が訪れるのだろう。

じつは、フタバアオイの花の花粉をどんな虫が運ぶのか、いまだによくわかっていない。

これまでは、節足《せっそく》動物のヤスデが花粉を運んでいるのではないかと考えられてきた。現在では、キノコに卵を産み付けるキノコバエを呼び寄せているのではないかという説が有力である。そのため、フタバアオイの花はキノコの姿や匂いを擬態《ぎたい》しているのではないかとも考えられている。

一般の植物では、ハチやアブが花粉を運ぶのが普通である。ヤスデが運んでいるにしても、キノコバエが運んでいるにしても、フタバアオイは何とも変わった植物である。

葵の紋はもともと京都賀茂神社の神紋

三つ葉葵のモチーフがフタバアオイだということはわかったが、いくつか謎がある。

その一つは、葉っぱの枚数である。

フタバアオイは「双葉」の名のとおり、二枚の葉っぱを対称につけるのが特徴である。しかし、徳川家の家紋は「三つ葉葵」と言われるように三枚の葉っぱがデザインされている。これは、葵の御紋はもともと「二葉《ふたば》葵」だったが、図案の良さから巴形《ともえ》

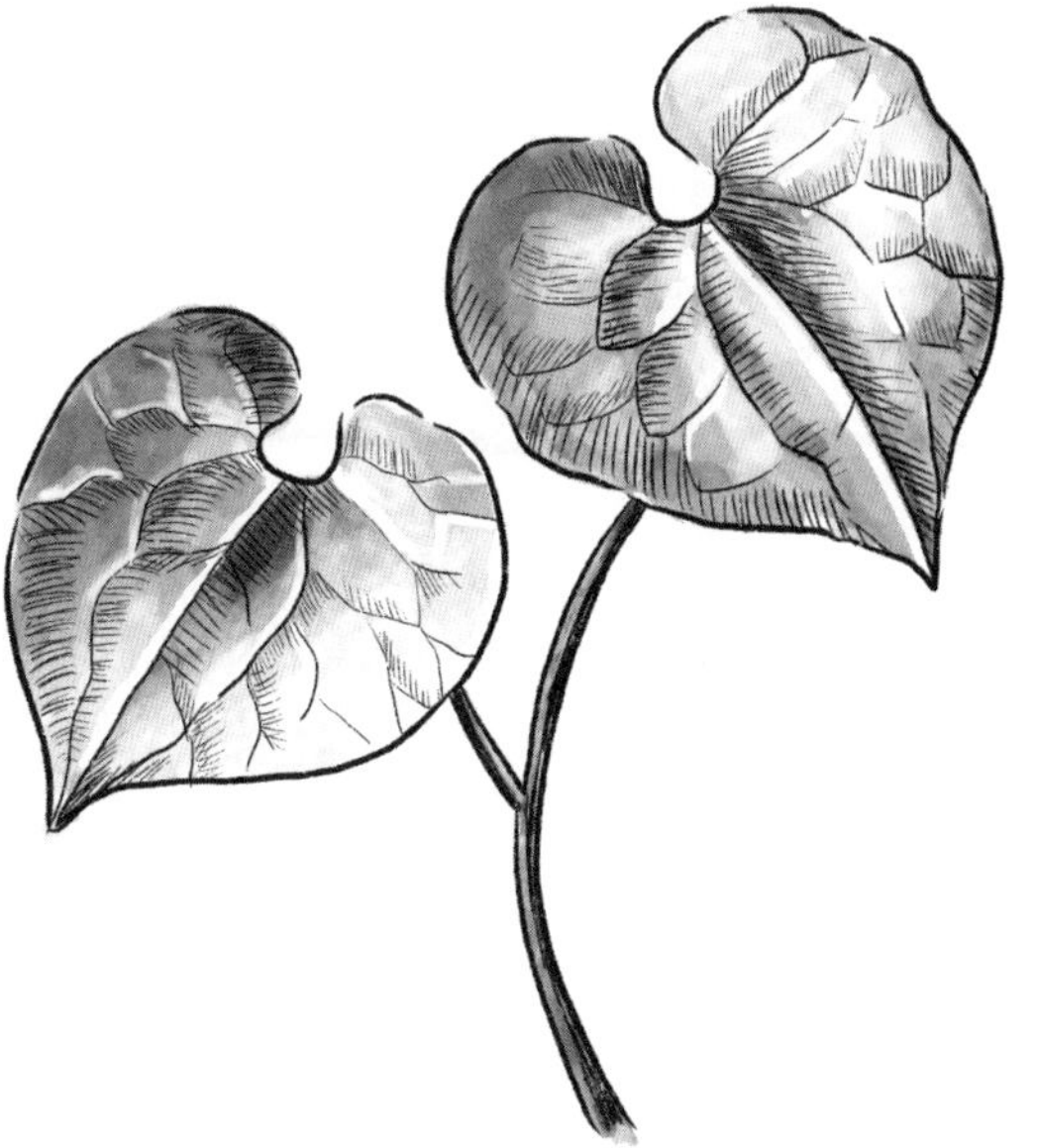

フタバアオイ

に三枚の葉を組み合わせるようになったと考えられている。

　ほかにも疑問はある。家紋になりそうな植物はいくらでもありそうなのに、なぜこんなにも地味なフタバアオイが徳川家の家紋のモチーフに選ばれたのだろうか。

　「葵の紋」は、もともとは京都の賀茂神社（上賀茂神社・下鴨神社）の神紋である。

　フタバアオイが賀茂

神社の神紋となったのには謂《いわ》れがある。何でも御祭神、賀茂別雷大神《かもわけいかづちのおおかみ》（賀茂建角身《かもたけつのみの》命《みこと》）が降臨したとき、その場所にフタバアオイが群生したというのである。この出来事からフタバアオイは、賀茂神社の霊草であるとされている（異説あり）。

それにしても、神が降臨したところに生えていたとはいえ、キノコに擬態しているような目立たない植物がどうして人々の目に留まったのだろうか。

残念ながら、この理由は不明である。

フタバアオイは照葉樹林の林床に生息している。そして、鎮守の森のような古代からの森は照葉樹林となる。フタバアオイが神聖な森に群生する植物であったことは間違いない。しかし、それだけで霊草と呼ぶことができるのだろうか。

フタバアオイが霊草になった理由

フタバアオイの仲間にはさまざまな植物がある。

植物図鑑のなかった昔は、それほど厳密に植物種を分類していなかった。そのためフタバアオイとされたのは、フタバアオイの仲間で同じように照葉樹林の林床に生えるカンアオイのことだったのではないかという説がある。

フタバアオイは冬には葉を落としてしまうが、カンアオイは「寒葵」の名のとおり、寒い冬の間も葉を広げている。松がめでたい木とされているように、冬の間も緑を広げている植物は、不思議な霊力を持つとされていた。そして、神聖な森に生える常緑のカンアオイが神聖な植物とされたのではないかとも考えられるのだ。

また、カンアオイやフタバアオイは根に薬効がある。

かつて秦《しん》の始皇帝《しこうてい》の命を受け、不老不死の仙薬を探すため日本にやってきた徐福《じょふく》がついに見つけた薬草、それがカンアオイだったのではないかとも言われている。

つまり、賀茂神社の神紋とされたのは、霊草カンアオイかもしれないのだ。

徳川家の家紋が三つ葉葵になった理由

いずれにしても、フタバアオイは賀茂神社の神紋となり、賀茂信仰の広がりとともに、やがて葵紋が家紋として利用されていった。そして、徳川家の祖先である松平家も賀茂神社の氏子であったから、葵の紋を用いるようになったと考えられている。

しかし、武将の多くは名家の末裔《まつえい》を自称し、その地位を示すためのシンボルとして家紋を用いた。徳川氏は清和源氏・新田氏の末裔であるとされているのに、どうして新田氏の家紋である「丸に一つ引き両（大中黒）」を用いなかったのだろうか。謎である。

徳川家がなぜ葵の御紋を用いるようになったのかについては、次のような説もある。一八三三（天保《てんぽう》四）年に記された『改正三河後風土記』によれば「三つ葉葵」は、家祖が賀茂の社職であったという本多家から徳川家へ献上されたとされている。経緯はこうだ。

徳川家康の祖父である松平清康がある城を攻めたとき、本多正忠が味方して勝利した。

そして、戦勝を祝う場で正忠は、三つのミズアオイの葉に肴《さかな》を盛って清康に出したという。

清康は、形の美しいミズアオイの葉を料理皿として利用した正忠の粋《いき》な演出を喜び、また本多家が味方したことで勝利を得たことを吉例として、本多家の家紋であった「三つ葵」を所望し旗紋とした、というわけである。

ちなみに、このとき清康に出されたミズアオイは、田んぼに生える水草である。ミズアオイはミズアオイ科の植物で、ウマノスズクサ科のフタバアオイとは種類は異なるが、均整のとれたハート型の葉は美しく、その名のとおりフタバアオイの葉によく

家康の丸に三つ葵

尾張・紀伊の丸に三つ葵

一つ引き両（大中黒）

本多立ち葵

徳川葵は家康から三代家光までは葉脈が33本で、次第に数が減って家綱は19本と23本、綱吉は23本と27本、家宣は31本と35本、吉宗は23本、家重と家治は13本で最終形となる。一般に知られた三つ葉葵紋（尾張・紀伊）は最終形。

似た水草である。そのため、「水葵」と名付けられた。ミズアオイは、今では絶滅が危惧されるほど数を減らしているが、少し前までは、ありふれた田んぼの雑草だった。

話を戻そう。その後、本多家は、徳川家に遠慮して家紋を「立ち葵」にしたとされているが、この立ち葵もアオイ科のタチアオイではなくフタバアオイがモチーフである。

一方、一七四三（寛保《かんぽう》三）年に記された『柳営《りゅうえい》秘鑑』には、ミズアオイの葉に肴を出したのは、本多正忠ではなく酒井氏忠であり、三つ葉葵はもともと酒井家の紋だったと記されている。そして、『酒井家世記』には、三つ葉葵を召し上げられた代わりに、三つ葉葵の図案に似せたかたばみ（片喰）紋を与えられたとされている。

この「片喰《かたばみ》紋」については、のちほど詳しく紹介することにしよう。

ハート型の葉っぱの秘密

そもそも「葵」という漢字は、古くはアオイ科の野菜であるフユアオイを指した。「葵」の字の草かんむりの下の部分は、四方に刃の出た手裏剣のような武器を表し、それが転じて回転するイメージを表している。

フユアオイは、太陽の動きに合わせて葉を動かすことから、この字になったのである。また、「アオイ」という名前も、太陽を仰ぎ見る「あふひ（仰日）」に由来するとも言われている。しかし、やがて三つ葉葵のモチーフとなったウマノスズクサ科のフタバアオイを指すようになった。

現在では、単に「葵」というと、大きくて色鮮やかな花を咲かせるアオイ科のタチアオイを指すことが多い。フタバアオイはハート型の葉が特徴である。先述のとおりタチアオイもフタバアオイによく似たハート型の葉をしていることから、アオイと呼ばれるようになったのである。

三つ葉葵は、ハート型の葉を三枚組み合わせた均整のとれた図案になっている。植物の中にはハート型の葉を持つものが多い。じつは植物にとってハート型の葉の形は機能的なのである。

植物が光を受けて光合成を行う上で、葉の面積は広いほど有利である。しかし、あまりに葉が大きいと葉柄《ようへい》（葉と茎の接続部分）が葉を支えることができない。ところが、葉の中心付近に柄がつくハート型の葉であれば、葉柄は重心バランスを保ちながら大きな葉を支えることができる。そのため、ハート型にすればそれだけ葉を大きくすることができるのである。

また、ハート型の葉は付け根の部分がえぐれているので、葉に受けた雨水や夜露が葉柄を伝わって茎の根元に落ちてくる。そして、水分を効率良く利用することができるのである。

こうした利点があるので、さまざまな植物がハート型の葉を採用しているのである。

武家の家紋の始まり

家紋の源流は平安時代に遡《さかのぼ》る。もともとは貴族が自分の牛車がわかるように、家ごとに目印となる文様を決めて牛車に印を施したのが始まりだった。それを武士たちがまねて、旗指物《はたさしもの》に家の印を書くようになったのである。

武家の間で家紋が使われ始めたのは、源平合戦の頃だろうと言われている。源平の戦いは、もともと源氏方と平氏方の戦いだったが、やがてさまざまな武家が参戦してきた。そのうち、平氏でありながら源氏に味方したり、逆に源氏でありながら平氏に味方する者が現れた。

そればかりか、源氏と平氏が一族の中でそれぞれ敵味方に分かれるような事態も起きてしまった。こうなると誰が味方で誰が敵だかわからない。そこで、源氏は白旗、平氏は赤旗で、敵味方を識別するようになった。しかし、それだけではどこにどの武将がいるのか、誰が手柄を立てたのか、まるでわからない。そこで、ユニフォームに背番号を入れて区別するように、旗指物に印をつけるようになったのである。それが家紋である。やがて、鎌倉時代の中頃には、ほとんどの武家で家紋が使われるようになったという。

この家紋は戦国時代になるとより重要となる。戦《いく》さは家ごとの戦いである。家紋は一族の結束を強める紋章となり、戦場に出れば敵味方を識別するための目印ともなる。そのため、戦国武将にとって家紋は不可欠なものとなっていった。

笹竜胆

武家政権を作った源頼朝の家紋は「笹竜胆《ささりんどう》」として知られている。しかし、実際に戦場で笹竜胆紋を用いたという記録はなく、源氏の頭領である頼朝は源氏の旗印である無紋の白旗（直白《ひたしろ》）を用いていたようだ。

笹竜胆紋を家紋に用いたのは、多岐にわたる源氏の系統の中でも村上天皇から出た公家《くげ》の村上源氏である。

「笹竜胆」というが、ササ原にリンドウは咲かない。家紋は、実際にはリンドウの花と葉を表したものだが、リンドウの葉がササに似ていることから「笹竜胆」と呼ばれているのである。

もっとも、ササ原にリンドウが咲くこともある。昔は、ササ原のササは秋に刈られて、田畑の肥料となった。ササが刈られたあとの春に生えるハルリンドウやフデリンドウはササ原に生えるのである。それらの花が咲く時期にはササは刈り取られているので、ハルリンドウやフデリンドウの花とササの葉が同時に見られることはない。

日本の家紋、西洋の家紋

日本の家紋は植物をモチーフとしたものが多い。

しかし、猛者《もさ》ぞろいの戦国武将を思えば、もっと強そうなシンボルを選んでもよさそうなものである。

ヨーロッパの紋章を見るとワシやドラゴン、ライオン、ペガサスなど、いかにも強そうな生きものがモチーフとなっている。また、アメリカ合衆国の国章はハクトウワシだし、イギリスの国章にはライオンとユニコーンが描かれている。

もちろん、西洋でも植物は図案として用いられる。ただし、ヨーロッパの王家は、高貴で気高い花を紋章に使う。たとえば、フランス王家の紋章は「フルール・ド・リス（百合の花）」であるし（モチーフはアヤメとも言われる）、イギリス王家の紋章はバラの花が描かれている。

これに対し日本の戦国武将たちはやっかいな雑草であるカタバミやオモダカ、別名を貧乏草というナズナ、かわいらしい花を咲かせるナデシコなど権力や地位にふさわしくないような小さな野の花を家紋にしている。天下を統一した将軍・徳川家康に至っては家紋のモチーフがキノコに擬態したような小さく目立たないフタバアオイだ。

日本にだって強そうな生きものはたくさんいるのに、家紋では小さな植物をシンボルとしている。見るからに強そうな生きものではなく、何事にも動じず静かに凛《りん》と立つ植物を、日本人は自らの紋章として選んだのである。

百戦錬磨の戦国武将たちが、野山にひっそりと咲く小さな雑草の強さに心惹かれていたことには驚かされる。まさにその観察眼は植物学者さながらと言えよう。

カタバミ

カタバミを家紋にした酒井忠次

徳川家康の側近として江戸幕府の樹立に貢献した徳川四天王の一人、酒井忠次の家紋は、片喰《かたばみ》紋である。

カタバミの葉はハート型の小さな葉が三枚組み合わさっている。この均整のとれた葉の形が家紋の図案に用いられたのだ。

先に紹介したが一説には、酒井家が三つ葉

葵を徳川家に献上した代わりに、三つ葉葵によく似た形の片喰紋を譲られ使うようになったとも言われている。

美しいデザインのカタバミは、古くから人気の高い家紋で、日本の五大紋の一つにも数えられている。特に、戦国武将が好んで用いていた。

しかし、不思議なことがある。

カタバミは草丈が一〇センチにも満たないような小さな雑草である。花も直径わずか三センチほどだ。お世辞にも美しい花とは言えないし、松竹梅のように立派な植物とも言えない。

しかも、カタバミは小さな雑草ながら畑に入るとなかなか駆除が難しいやっかいな雑草だ。農業を重視した昔の人にとっては、本当に大敵とも言える雑草なのである。

家紋を重要視した戦国武将が、どうしてこんな雑草を家のシンボルにしたのだろうか。

雑草であるカタバミは抜かれても抜かれても、しぶとく種を残して広がっていく。じつは戦国武将たちは、そのカタバミの強さに子孫繁栄の願いを重ねたのである。

また、古くからカタバミを財布に入れておくと、お金が増えて減らないと言われている。やっかいな雑草ながら、武将たちはその雑草に強さを見出していたのだ。

丸に剣片喰

片喰紋

アレンジされる片喰紋

片喰紋は武家に人気の家紋だと述べた。そこで武将たちは、区別をつけるためデザイン的に優れた片喰紋をアレンジしていった。

子孫繁栄を示すカタバミに、武芸の上達を表す剣を組み合わせた「剣《けん》片喰《かたばみ》」と呼ばれるものもその一つだ。

徳川家の家紋が二つ葉のフタバアオイだったものに葉っぱを一枚足した三つ葉葵であるように、片喰紋に葉っぱを一枚足して四つ葉にした「四つ片喰」という家紋もある。

さらには、繁殖する雑草さながらに片喰紋を三つ組み合わせた家紋もある。

中でも、土佐（現在の高知県）の長曽我部《ちょうそかべ》氏の家紋は、片喰紋を七つも組み合わせた「七つ片喰」と

丸に七つ片喰

呼ばれる家紋である。この家紋は長曽我部氏の祖である秦能俊《はたよしとし》が土佐に下向するときの別れの盃にカタバミの葉が七枚浮いていたことに由来すると言われている。

また、長曽我部氏の家臣である福富浄安《ふくとみじょうあん》は、戦功により片喰紋を授かったが、主君に遠慮してカタバミの葉を一つ減らした六つ片喰を用いたという。

田んぼの雑草を家紋にした武将たち

片喰紋のモチーフとなったカタバミは、畑の雑草である。

不思議なことに、日本では嫌われ者の雑草さえも、好んで家紋に使われている。

日本の家紋によく使われる十大紋は「鷹の羽、橘《たちばな》、柏、藤、おもだか、茗荷《みょうが》、桐、蔦《つた》、木瓜《もっこう》、かたばみ」であるが、このうち、「沢瀉《おもだか》紋」と「片喰紋」は雑草なのである。

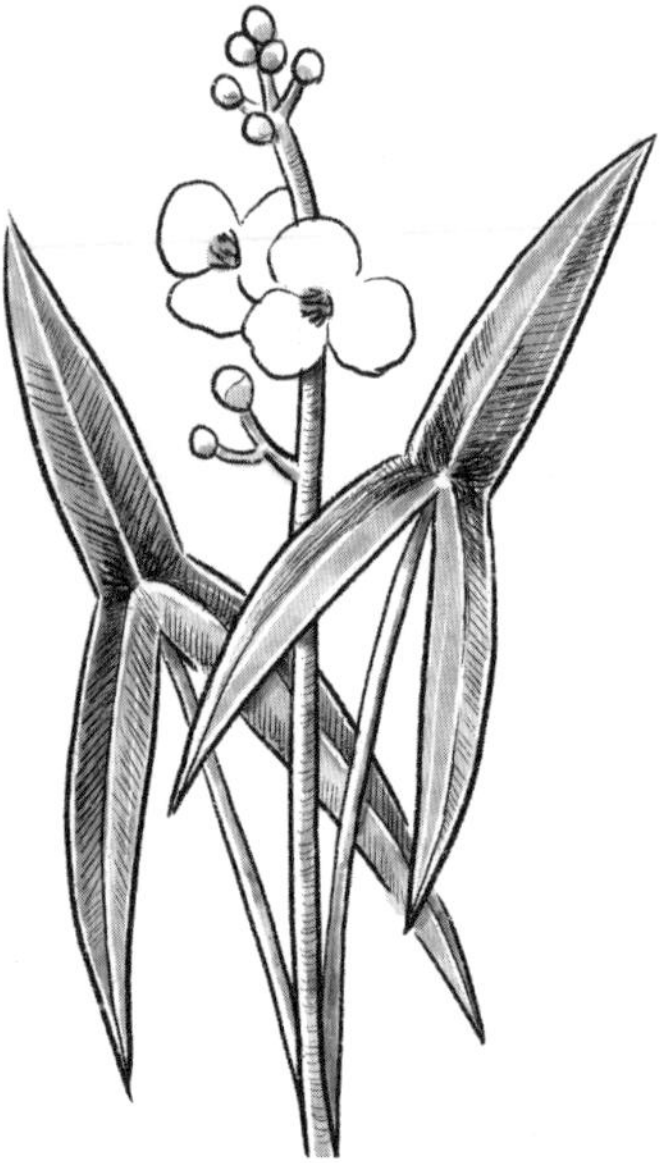
オモダカ

オモダカは田んぼに生えるしつこい雑草である。しかし、武家は、オモダカの葉の形が矢じりに似ていることから、別名で「勝ち草」と呼んだ。田んぼの雑草の強さにゲンをかついでいたのである。

沢瀉紋はたいへん人気のある家紋で、江戸大名で十数家、旗本で百家あまりが沢瀉紋を使っている。

毛利元就の家紋といえば、一文字に三つ星

長門沢瀉

一文字に三ツ星

が有名だが、沢瀉紋も家紋としている。
　元就が戦いに臨むとき、川の傍らにオモダカが生えていて、そこにトンボが止まっていた。オモダカは「勝ち草」と呼ばれているが、トンボは「勝ち虫」と呼ばれている。勝ち草に勝ち虫がとまっている縁起の良い風景に元就は安らぎを得て、全軍を鼓舞《こぶ》した。

福島沢瀉

　その結果、合戦で大勝利を得た元就は戦勝の記念にオモダカを家紋にしたのである。
　尾張出身の豊臣秀吉の家臣、福島正則は沢瀉紋だったし、豊臣秀吉も有名な桐紋の以前は沢瀉紋であった。福島正則は、豊臣家から沢瀉紋をもらい受けたと考えられている。

天保の改革を行なった老中・水野忠邦らを輩出したことで有名な尾張出身の水野家も、沢瀉紋である。

沢瀉紋は尾張の武家に多い。木曽三川（濃尾《のうび》平野を流れる木曽川、長良《ながら》川、揖斐《いび》川の三つの川の総称）の流れる尾張は湿地が多かったことから、湿地に生えるオモダカが多かったのではないかとも言われている。

道端の雑草を家紋にした理由

現代の私たちにとっては、取るに足らないように見える道端の雑草も家紋として用いられている。

オオバコもそうだ。よく踏まれる道端に生える代表的な雑草オオバコは、平安時代の征夷大将軍・坂上田村麻呂を先祖に持つ田村家の家紋である。田村家は代々、医家であった。じつは、オオバコは「車前草《しゃぜんそう》」という生薬《しょうやく》として知られている。また、死んだカエルにオオバコの葉を掛けるとカエルが生き返ると言い伝えられている。そんな蘇生《そせい》の力があると信じられる薬草だった。

そのため車前草《おおばこ》紋は、田村家をはじめとして医家に好んで使われた。

ほかにも、かわいらしいタンポポの家紋もある。これは、小児薬を作っていた旗本の木村家の家紋である。タンポポも薬草なので木村家の家紋として用いられたのである。

八ツ薺

ぺんぺん草は戦国武将にふさわしい家紋

家が落ちぶれることをたとえて「ぺんぺん草が生える」という。

ぺんぺん草の正式名はナズナである。ナズナは三角形の実が三味線のバチに似ていることから、三味線の音に見立ててぺんぺん草と呼ばれている。

また、ナズナは別名を貧乏草ともいう。庭や畑を荒れた状態にしておくとすぐに繁茂することから、そう呼ばれているのだ。

こんなにバカにされた雑草なのに、このぺんぺん草さえも家紋に用いられている。五つ薺《なずな》、六つ薺、八つ薺と呼ばれる家紋がそうである。

これらの家紋は、ナズナの葉を上から見たところがモチーフになっている。ナズナは春になると茎を伸ばして花を咲かせるが、冬の間は茎を伸ばすことなく、地面の上に葉を広げて寒さに耐えている。家紋のモチーフとなったこの形は、ロゼットと呼ばれるバラの花の胸飾りに似ていることから、ロゼットと呼ばれている。

地面にぴったりと葉をつけたロゼットは、寒風をしのぎながら、葉を広げて光合成をすることができる機能的な形である。そのため、タンポポやオオバコなど、植物の分類としてはまったく異なる多くの雑草が、このロゼットで冬を過ごしている。

「ぺんぺん草が生える」とバカにされるが、荒れ地で芽生え、冬の間も寒さに負けず葉を広げている生命力の強さが好まれ、家紋として選ばれたのである。戦国武将では、畠山氏、伊丹氏、犬飼氏、京極氏、朝倉氏、丹羽《にわ》氏、伊達氏がナズナの家紋を使用している。

ナズナの家紋は北陸地方など冬の厳しい北国に多い。雪国の人々は小さな雑草の中に秘められた強さを知っていたのである。

しかし、ナズナのロゼットがすごいのはそれだけではない。

ナズナ

そもそも、どうして冬の間も葉を広げなければならないのだろうか。じつはロゼットの形態をとる植物は、冬の間も葉を広げて光合成を行い、地面の下の根っこに栄養分を蓄えているのである。

冬越しは土の中でタネとして過ごすのが、もっとも安全である。わざわざ地面の上に葉を広げる必要はない。しかし、ロゼットの形の植物は春になるが早いか、冬の間に蓄えた栄養分でいち早く茎を伸ばして花を咲かせることができる。そして、ほかの植物に先駆けてタネを残すのである。

「先んずれば人を制す」

ぺんぺん草は、戦国武将にふさわしい家紋だったのである。

武士がキュウリを食べなかった理由

江戸時代、武士はキュウリを食べなかったと言われている。

キュウリの切り口が徳川の家紋である「葵の御紋」に似ていることから口にしなかったのである。もっとも江戸時代のキュウリは、野菜の中ではあまり上等なものではなかったから、武士が口にするようなものではなかったのかもしれない。

江戸時代の農書には、「下品《げぼん》の瓜にて　いなかに多く作るものなり」と記されている。また、時代劇では葵の御紋で悪を成敗する水戸黄門も、実際には、葵の御紋に似たキュウリについては、「毒多くして能少なし、植えるべからず、食べるべからず」と説いていたという。

ただし、江戸時代以前から、武士はキュウリを食べなかったとする説もある。それは切り口が織田信長の家紋である「木瓜紋」に似ていたからと言われている。

ちなみに、「木瓜紋」は「もっこうもん」と読むが、「木瓜」は「キュウリ」という意味である。

もともと、この家紋はキュウリではなく、鳥の巣をかたどったものであるとされている。しかし、キュウリの切り口に似ていることから「木瓜紋」と呼ばれるようになったのである。

木瓜紋

キュウリの断面を見ると、確かに「木瓜紋」と「葵の御紋」のように三つに分かれている。キュウリの切り口が、三つに分かれているのには理由がある。

一つひとつが部屋のように分かれていて、それぞれの部屋には種子のもとになる胚珠《はいしゅ》がたくさん入っているのである。キュウリの花を見てみると、このめしべの先が三つに分かれている。じつは、このめしべの先がキュウリの実の部屋とそれぞれつながっているのだ。めしべの先についた花粉はめしべの中を伸び進み、それぞれの部屋に分かれて胚珠と受粉する。

ところで、木瓜紋と書くが、キュウリは「木瓜」ではなくもともとは「黄瓜」である。キュウリは緑色をしているが熟すと黄色くなる。そのため、黄瓜と呼ばれているのである。

ただし、キュウリは漢字では「胡瓜」と書く。昔はシルクロードを通って東西の交流があり、西域の珍しいものが中国にもたらされた。「胡《こ》」はもともとモンゴル地域を指す言葉だったが、やがて西域を指す言葉として用いられるようになり、主にペルシャなど西域から伝わったものに「胡」とつけられるようになった。

胡桃《くるみ》や胡麻《ごま》、胡椒《こしょう》などはその例である。そして、胡から伝えられたウリが胡瓜《きゅうり》なのである。

キュウリのふるさとはインド北部のヒマラヤ山麓である。霧に包まれたヒマラヤであの瑞々《みずみず》しいキュウリは育った。そしてキュウリは、日本には仏教とともに奈良時代に伝わったのである。

キュウリはもともと黄色く熟した実を食べた。しかしその後、メロンの仲間のマクワウリやシロウリなど大きくて甘い瓜が続々と中国から伝来してきた。すると、熟したキュウリは食べられなくなったのである。現在のような未熟なキュウリが日本で食べられるようになったのは江戸時代以降のことである。

豊臣秀吉の桐紋の謎

徳川家康は葵の御紋、織田信長は木瓜紋であるのに対し、戦国時代の三大英傑のもう一人、豊臣秀吉は桐紋である。

豊臣秀吉の桐紋は花の数が五つ、七つ、五つの順に並んでいるので、「五七の桐」と呼ばれている（その後「太閤桐」という独自の形に発展）。

太閤桐

五七の桐は現在、日本政府が用いており、五百円硬貨にも刻まれているため、「明治維新は豊臣家の復讐ではないか」という都市伝説がある。明治維新の中心になったのが、関ヶ原の戦いで西軍についた薩長であったため、徳川に滅ぼされた豊臣の恨みを晴らしたというのだ。

しかし、徳川家が葵の御紋を独占していたのに対し、桐紋は豊臣家だけのものではない。桐紋は臣下として豊臣秀吉にはじめて与えられたわけでもない。武家として秀吉だけが持つ家紋というわけではないのだ。

また、薩長は自身の問題として関ヶ原の戦いから江戸時代を通じ徳川家への恨みを蓄積している。豊臣の名前を持ち出すまでもないだろう。さらに、戦後の日本政府は桐の紋を用いるようになったが、明治維新後の明治政府は皇室の紋である菊の紋を使用している。

やはり都市伝説にすぎないということだろう。

話を元に戻そう。桐紋はもともと菊紋と並んで天皇家の家紋であった。

後醍醐《ごだいご》天皇が足利尊氏に菊紋と桐紋を授けた。それから武家の間では、最高に権威のある家紋とされるようになったのである。そして、足利家は織田信長に桐紋を与え、その後、信長が豊臣秀吉に桐紋を与えたのである。

信長や秀吉は家臣に桐紋を与えたので、武家に桐紋が広まった。

上杉謙信、宇喜多《うきた》秀家、大友宗麟《そうりん》、島津義弘、仙石秀久、鍋島直茂、前田利家、森忠政、山内一豊、伊達政宗、小早川秀秋、小西行長、蜂須賀《はちすか》正勝、福島正則、結城《ゆうき》秀康など、足利将軍家や信長、秀吉に仕えた名だたる武将が桐紋である。

しかし、秀吉の歿後、天下を取った徳川家康は天皇から授かる菊紋や桐紋を好まず、独自の三つ葉葵を権威の象徴としていた。

ちなみに菊紋も桐紋と同じように、天皇家から武家に下賜《かし》されていたが、明治時代になると皇室の紋章として皇室以外での使用が禁止されたのである。

人気を失った桔梗紋

本能寺の変で織田信長を滅ぼし、三日天下の末、豊臣秀吉に敗れた明智光秀。彼の家紋は桔梗《ききょう》紋である。

桔梗紋はもともと、美濃国を中心に栄えた土岐《とき》氏の家紋である。キキョウは漢字で「桔梗」。木偏に「更に吉」と書くことから、縁起の良い紋とされた。

また、キキョウは古名を「ととき」という。土岐氏の本拠地であった土岐は、ときが咲いていることから名付けられたとされている。

明智光秀が桔梗紋なのは、土岐一族の出であるという説と、自分の出自を飾るためであるという説がある。

桔梗紋の中でも、明智光秀の家紋は「水色桔梗」と言って、花弁を水色で塗った珍しいものである。しかしながら、光秀がキキョウを水色で塗ってしまったのは、残念なことだと言える。実際には、植物のキキョウは紫色をしているが、それには理由がある。

キキョウの花粉を運ぶミツバチは紫色から紫外線域の光をよく認識する。そのため、キキョウはミツバチを呼び寄せるために、よく目立つ紫色をしているのである。

つまり、植物学的に言えば、もしかするとキキョウの花の色を変えてしまったことが、縁起を悪くさせたのかもしれない。

豊臣秀吉に敗れて明智光秀が謀反《むほん》人とされると、桔梗紋は縁起が悪いと忌《い》み嫌われて、使用されなくなった。しかし、光秀の領国であった丹波や近江では桔梗紋が慕《した》われ、使い続けられた。政務や学問に秀でていた明智光秀は善政をしいていたとされている。そのため、家臣や領民は、光秀を慕い続けたのである。

こんなエピソードが残っている。かつて丹波亀山は明智光秀の所領であった。天下が統一されて江戸時代となってからも同地で暮らす明智家の旧臣は桔梗紋を用いていたが、それを見た新しい領主が「その紋は何か」と問うたところ、旧臣は「桜である」と答えたという。

キキョウもサクラも花びらが五枚である。

キキョウやサクラは五を基本数とする五数性の植物であり、花びらが五枚というだけでなく、おしべやめしべなどの数が五の倍数から成っている。花びら五枚は、花のバランスが良いため、植物の中には五数性のものが多い。そして、このバランスの良さが、家紋のモチーフとしても好まれているのである。

マムシの道三の意外な家紋

秋の七草は「萩《はぎ》の花　尾花　葛《くず》花　なでしこの花　おみなえし　また藤袴《ふじばかま》　朝顔の花」の歌で知られている。

この歌で「朝顔の花」と詠《よ》まれているのが、キキョウのことである。

キキョウは秋の七草の一つとして、古くから日本人に親しまれてきた。キキョウと同じ秋の七草であるナデシコも家紋のデザインに用いられている。このナデシコの紋を用いたのが、誰あろう斎藤道三である。

「尾張の大たわけ」と言われていた若き織田信長の才能を見抜いた斎藤道三。彼は京都の油商人の息子でありながら（最近では油商人だったのは道三の父親であるという説が有力）、主君の土岐家を乗っ取った下剋上《げこくじょう》大名で、「美濃のマムシ」と恐れられた人物である。この人物が意外にもかわいらしいナデシコを家紋としているのである。

瞿麦（なでしこ）紋

ナデシコは、図鑑の名前をカワラナデシコという。ナデシコが「大和《やまと》なでしこ」と呼ばれるようになった経緯は、以下のとおりだ。

平安時代になると、唐《とう》（中国）から、ナデシコの仲間が日本に伝えられ、このナデシコは「唐《から》なでしこ」と呼ばれるようになった。そして、昔から日本にあったナデシコが「大和なでしこ」と呼ばれるようになったのである。

サッカーの女子日本代表は愛称を「なでしこジャパン」と言う。この「なでしこ」は「大和なでしこ」のことである。気品ある清楚な美しさを持つ日本女性は、「大和なでしこ」と呼ばれていた。日本女性のやわらかくも芯のある強さがナデシコにたとえられたのである。

ナデシコは、漢字で「撫子」と書く。美しく愛らしい花が、かわいい愛児にたとえられ、撫でる子という意味で「撫でし子」と呼ばれたのである。

それにしても、どうしてこのかわいらしい花を戦国武将は好んだのだろうか。

唐なでしこは、別名をセキチク（石竹）という。岩場に生えて竹のような葉をつけ

ナデシコ

ることに由来している。

　中国の故事では、ある武将が虎と間違えて石を射ったところ、石に矢が突き刺さり、その矢が石竹になったとされている。このことから、石竹は武道の精神を表す花として武家に親しまれ、ナデシコも好まれたのである。

下剋上大名にふさわしいツタの家紋

　斎藤道三と同じく、主家を乗っ取った松永

久秀も下剋上大名である。久秀は当初、主家の三好家の紋である三階菱紋《さんがいびし》を用いていたが、のちに蔦紋となった。「地を這《は》って繁栄する」という願いを込めて蔦紋としたのである。

ツタはつる植物で、元の植物を頼りによじ登る。そして、元の植物を覆《おお》い尽くして葉を茂らせると、元の植物を枯らせてしまうこともある。まさに主家を乗っ取った松永久秀にふさわしい家紋と言えるだろう。

ツタのようにつるで伸びる植物は、とにかく成長が早い。

グリーンカーテンに用いられるニガウリは、あっという間に窓を覆い尽くしてしまうし、アサガオも夏休みの間に屋根の高さまで伸びてしまう。

自分で立たなければならない植物は、茎を頑強にしながら成長していく必要がある。しかし、つるで伸びる植物は、他の植物に絡みつきながら伸びていけばよいので、自分の力で立たなくていい。茎を頑強にする必要がないので、その分のエネルギーを使ってつるを伸ばすことができるのである。つる植物が短期間のうちに著《いちじる》しい成長を遂《と》げることができるのは、そういう訳なのだ。

植物の世界では、どれだけ早く伸びることができるかが成功の鍵となる。先手を打っていち早く成長することができれば、広々とした空間を占有し、存分に光を浴びることができる。逆に、ほかの植物の陰に甘んずるようなことがあれば、生長のスピードはますます遅くなり生存競争から取り残されてしまう。そして、日陰に生きる完全な負け組となってしまうのだ。

つる植物は他者の力を利用して上へ伸びる図々しい生き方で、スピーディな生長を可能にしたのである。

つる植物の伸び方はいろいろある。アサガオはつるをらせん状に巻きながら伸びていくのに対して、ニガウリやキュウリなどは、巻きひげで他の植物をつかみながら伸びていく。一方ツタは、巻ひげの先端に吸盤がある。この吸盤で木々にくっついて、やがて元の木を覆い尽くしていくのである。

蔦紋

蔦紋は、八代将軍・徳川吉宗が葵の御紋の替紋《かえもん》（代表的家紋である定紋《じょうもん》に対して、副次的に使用される家紋のこと）として用いたことで、武家の間で人気が高まった。葵の御紋は使用できないが、ほかの家紋は自由に使うことができる。強い生命力と旺盛な繁殖力が武家に好まれたのである。

有名な戦国武将では藤堂高虎が蔦紋である。

高虎はもともと浅井《あざい》家の家臣だったが、豊臣家、徳川家を渡り歩いた。次々に絡みつく木を変えながら成功していく人生は、まさに蔦紋がふさわしいと言えるだろう。

山内一豊の縁起の良い「三つ柏」家紋

戦国時代に、立身出世の道を駆け上がった武将に山内一豊がいる。妻の内助の功で出世をしたとされるサクセスストーリーは、ＮＨＫの大河ドラマ『功名が辻』でも有名である。

山内一豊の父親は、もともとは織田信長と対立していた岩倉織田氏の家老であった。そして、信長との戦いで戦死してしまったのである。そして、息子の一豊は牢人となったところを信長に拾われて家来となった。そして、信長に目を掛けられた一豊は、信長の命を受けて秀吉の部下となるのである。

その後、一豊は関ヶ原の戦いで東軍に味方し、ついに土佐二〇万石を与えられて一国一城の主となったのだ。

その山内一豊の家紋は「三つ柏」である。カシワはブナ科の樹木である。

土佐柏

カシワというと、端午《たんご》の節句に食べる柏餅が思い浮かぶ。カシワは縁起の良い植物である。カシワの葉は、葉が枯れても落葉することなく、新芽が出てから古い葉が落ちるという特徴がある。つまり子どもが生まれるまで親は死なないのである。このことから、カシワは家系が絶えることなく子孫が繁栄することを連想させて、縁起の良い木とされている。

山内家のカシワの家紋が三つ柏なのには、次のような逸話が残されている。

山内一豊の父、山内盛豊は、武運長久を祈って、神聖なカシワの葉を背中に挿《さ》して出陣した。そして、戦さから戻ったときに、背中のカシワの枝には葉が三枚だけ残っていたという。

盛豊は、カシワの葉が一枚ずつ落ちて身代わりになって命の危機を救ってくれたのだと考え、縁起の良い三枚のカシワの葉を家紋にしたというのである。

武田菱のもとになった植物

武田信玄は「菱紋」である。武田が用いた「武田菱」は、ひし形が四つ並んだデザインである。これは、家臣が支え合っているようすを表しているという。まさに「人は城、人は石垣、人は堀」と言った武田信玄にふさわしい家紋である。

この武田菱は、源頼義から伝えられたとされている。

ヒシは湖沼に見られる水草だが、花、葉、実すべてがひし形をしている。というよりも、そもそも、「ひし形」という図形は、植物のヒシの葉や実の形に似ていることから、「菱形」と呼ばれるようになったのである。

ややこしいことに、植物の「ヒシ」の語源は、実の形が、四角形のひしげた（ひしゃげた）形であることに由来している。四角形がひしげた形だからひし形と言えば単純だが、四角形がひしげた植物がヒシであり、このヒシの実の形だから、「菱形」となったのである。

また、「菱」という漢字は「草かんむり」に「変」と書く。「変」は、「稜」や「陵」という字があるように、「山型の形」のイメージがある。ヒシは、その実に山型の尖った角があることから「菱」という字になったのである。

現在、「ヒシ」をモチーフにしたデザインでよく見られるものは、三菱グループの社章ではないだろうか。これは、岩崎弥太郎の家紋「三階菱」と土佐藩主の山内家家紋の「三つ柏」を組み合わせたものだ。三菱グループは、坂本龍馬の海援隊の後身として土佐藩が経営していた「九十九商会《つくも》」を、土佐藩士であった岩崎弥太郎が買い受けて個人企業としたものである。そして自らの家紋と、土佐藩の家紋を組み合わせて「三菱」とし、社名も「三菱商会」としたのである。

どうして茗荷紋が人気なのか

茗荷紋《みょうが》は、旗本約七〇家が用いている人気の紋である。

茗荷紋は杏葉紋《ぎょうよう》が変化したものと考えられている。杏葉紋は、もともと植物ではなく、西アジア地方から中国に伝わった文様である。それが日本に伝えられ、やがて家紋として利用されるようになった。そして、そのうちに日本の植物であるミョウガをデザインした家紋に変化していったのである。

ちなみに杏葉紋は、豊後《ぶんご》の戦国大名、大友宗麟の家紋として知られている。モチーフは日本の文様でないのでよくわからない。

抱き茗荷

抱き杏葉

ミョウガには、食べすぎると物忘れをするという言い伝えがある。あまりイメージの良い植物ではない。どうして、物忘れをするような植物が、武家の家紋として利用されたのだろうか。

ミョウガを食べると忘れっぽくなるというのは、仏教の言い伝えに由来する。

昔、釈迦の弟子に周梨槃特《しゅりはんどく》という男がいた。彼は物覚えが悪く、お経はおろか自分の名前さえ覚えられない。そこで、いつも名前を札に書いて首からかけていたが、しまいには札をかけていることさえ忘れてしまう始末だった。

男が死んだあと、彼の墓から不思議な草が生えてきた。食べてみると辛いわけでもなく、苦いわけでもなく、何とも曖昧《あいまい》な味である。やがて、この草を食べると墓の主と同じように物忘れをするようになる、と人々は噂するようになった。この植物がミョウガである。

ミョウガは漢字で「茗荷」と書く。周梨槃特が荷物のように自分の名前を首からかけていたことにちなんで「名を荷う」とされたのである。

しかし、この仏教の説話は単に周梨槃特の頭の悪さを説いているわけではない。物覚えの悪い周梨槃特は、ついには、彼を馬鹿にするほかの弟子たちよりも先に悟《さと》りを開いたという。物忘れを極め、ついには煩悩《ぼんのう》を忘れるに至ったのである。忘れるということも、けっして悪いばかりではないのだ。

同時にミョウガという発音は、「冥加《みょうが》」にも通ずる。冥加とは、「神のご加護」の意味である。戦いに明け暮れる武士たちは、むしろこちらの縁起の良さを好んだ。そして、小さな山菜であるミョウガをシンボルとして家紋に用いたのである。

武将の天神信仰と梅の紋

梅の花は、学問の神様である菅原道真を祀《まつ》る天神様（天満宮）の紋である。

平安時代の文人で政治家としても活躍した菅原道真は右大臣まで上り詰めたが、藤原時平との政争に敗れて九州の大宰府《だざいふ》に左遷されてしまう。

道真は自らの邸宅に植えた梅の木を大切にしていた。そして、有名な和歌、「東風《こち》吹かばにほひおこせよ梅の花　主《あるじ》なしとて春な忘れそ（春を忘れるな）」を詠んで九州へ赴き、そして京に戻ることなく死んだのである。

その後、道真を讒言《ざんげん》して大宰府へ左遷させた時平は政権を掌握するが、三十九歳の若さで死去した。人々は、時平の早すぎる死を道真の怨霊の祟《たた》りと恐れて、大宰府（福岡県）、北野（京都府）、大坂など全国に天満宮を造って道真を祀ったのである。

戦国武将の中には、天満宮にちなんだ梅鉢紋を持つ者も多い。しかし、彼らは学問の神として天神様をあがめたわけではない。

道真は雷神となって雷を起こした。じつは、雷が多いとイネが豊作になると言われている。

「雷」は漢字で田んぼの上に雨と書く。水が不足しがちな夏に、雷は恵みの雨をもたらしてくれるのである。

しかし、それだけではない。雷の高圧の電流と高熱によって大気中の窒素と酸素がくっつくと、二酸化窒素ができる。この二酸化窒素が雨に溶けて地上へと降り注ぐと、イネの成長に必要な窒素肥料となるのである。肥料の少ない昔のことである。雷の恵みはイネの成長を促したことだろう。

「かみなり」は「神鳴り」の意味である。ゴロゴロとなる雷はイネの豊作をもたらす神の声とされたのである。そして、ピカッと光る閃光《せんこう》は稲妻《いなづま》と呼ばれる。豊作をもたらす「稲妻」は「イネの妻」であるとされたのである。

雷を起こす天神は、もともとは農業の神であった。

領国経営を行う武将たちは、イネの豊作をもたらす天神を敬い、梅の紋にあやかろうとした。そして、加賀百万石の水田を持つ前田家も家紋に、梅の花を幾何学的に図案化した梅鉢紋を用いたのである。

加賀梅鉢

前田家の梅鉢紋に隠された謎

加賀には、こんな歌が残されている。

「天下葵よ　加賀様梅よ　梅は葵のたかに咲く」

豊臣政権で、前田家は五大老の筆頭であった。しかし、徳川の世では家康の家来にならなければならなかった。そして、この口惜しさを「梅は葵より高く咲くべきだ」と歌にしたものだと伝えられている。

前田利家の頃、家紋は梅鉢紋だったが、三代藩主・利常のときに加賀前田梅鉢という独自の梅鉢紋を使い始めたとされている。

三代藩主・利常は、鼻毛を伸ばして江戸城内を歩くことから「鼻毛の殿様」と言われたが、じつはこうしてバカ殿のふりをしながら江戸幕府の警戒を避けた名君であった。前田家は徳川家の下で苦汁をなめさせられてきたのである。

前田家の加賀前田梅鉢は、剣梅鉢紋である。つまり梅の花の中心に剣が隠されているのだ。

武将たちは植物の家紋に剣を組み合わせた。「剣片喰」や「剣木瓜」「剣唐花《からばな》」などがそうである。

徳川のもとでの安泰を願うか、いつか徳川に一矢を報《むく》いるか、徳川家に対し前田家の家臣は、常に葛藤があった。そして家臣は、暗号のようにこの梅鉢紋を使ったという。つまり、徳川に一矢報いたい武闘派は剣梅鉢の剣を長くし、穏健派は剣を短くしたという。

じっと剣を隠したまま、前田家は徳川の時代を乗り切った。そして、加賀百万石という日本一の大大名となったのである。

葵の御紋を模した紋

徳川幕府は、葵の御紋の使用をきつく禁止していた。

しかし、いつの時代も偉大な人気ブランドには、偽物がつきものである。葵の御紋という畏《おそ》れ多いブランドの類似品として作られたのではないかとされているのが、「三つ河骨《こうほね》」の紋である。

河骨というのは、河の骨と書く。何とも不吉に思える名前だが、河骨は、水辺に生えるコウホネという植物の名前である。コウホネは、水辺で鮮やかな黄色い花を咲かせるスイレン科の水草である。太くて白い根茎が骨に見えることから「河の骨」と呼ばれているのだ。コウホネの葉はハート型をしているので、三つ河骨の紋は、三つ葉葵の紋によく似ている。

ちなみに、童謡『春の小川』に歌われているのは、東京都渋谷区を流れる「河骨川」であると言われている。河骨川の名のとおり、その小川にはおそらくコウホネの花がたくさん咲いていたことだろう。今ではビルやアスファルトに覆われてしまった渋谷の街も、かつてはのどかな小川が流れていたのだ。

河骨川の水源の一つは、新宿区代々木にあった旧土佐藩主・山内一豊侯爵邸内の遊水池であったとされている。そして、河骨川の流れは、代々木八幡のあたりで宇田川と合流する。もちろん、宇田川も暗渠《あんきょ》となっていて、その上は宇田川遊歩道となっている。宇田川の流れは代々木公園の西側を回り、そして、渋谷の街へと流れ込んでいるのである。

コウホネはかつてありふれた水草だったが、コウホネの咲く小川はもう日本中探しても見つけることは難しい。自然環境の悪化や開発によって、各地で絶滅が心配されるまで減ってしまった。

童謡に歌われた河骨川は今も、アスファルトとコンクリートに固められた都会の地面の下を人知れず流れているのである。

おわりに

北海道を旅すると広大な畑を目にすることができる。青森県の津軽地域にはリンゴ畑が広がる田園風景がある。茶どころ静岡県の牧之原台地には広々とした茶畑が広がっている。この美しい風景を作ったのはいったい誰だろう。

明治時代、北海道開拓の中心となったのは、江戸時代が終わり、職を失った武士たちであった。特に戊辰《ぼしん》戦争で敗れた旧幕府軍の武士たちは、時代の波に翻弄されながら海を渡り、北海道に新天地を求めざるを得なかったのである。

領地を奪われ北海道に渡った伊達藩士たちは、枯れ草が、積もる雪の上まで伸びているのを見て、この土地が農業に適した肥沃な土地であることを見出したという。そして、極寒の厳しい未開の地で、武士たちは鍬《くわ》を振るい続けた。そして、ジャガイモや砂糖の原料となるテンサイなど、見慣れぬ植物の栽培に挑戦し続けた。北海道の広大な農地は、こうした武士たちの開墾が礎《いしずえ》となっているのである。

津軽地域のリンゴも、武士たちによって植えられたものである。武士たちは、宣教師によって伝えられたリンゴの栽培に取り組んだ。そして武士たちは試行錯誤と苦難の末、ついにリンゴの栽培方法を確立する。そして、現在のリンゴ産地の基礎を作った。青森リンゴの始祖、菊池楯衛《たてえ》は果樹園芸家として知られているが、もともとは弘前藩の藩士である。

静岡の茶産地を作り上げたのは、徳川家の家臣団であった。大政奉還《たいせいほうかん》後、十五代将軍・徳川慶喜公は、徳川家康の隠居の地でもあった駿府《すんぷ》に移り住んだ。しかし、随行した徳川家の武士たちには職がない。そこで荒れ果てた台地を開墾し、茶の栽培を行なったのである。この地の土質や気候が茶栽培に向いていると判断したのは、誰あろう旧幕臣の勝海舟である。

また、日本の国産紅茶の祖とされる多田元吉《もときち》は、もともとは北辰一刀流の使い手で、幕末の動乱期に幕臣として戦闘に参加した武士だった。

武士の世は終わった。しかし、武士たちは刀を鍬に持ち替えて、全国各地で荒れ地を開墾していった。そして、植物を育《はぐく》み、豊かな大地を拓《ひら》いていったのだ。植物を愛し、植物を利用した武士たちの魂は、今も日本の風景の中にしっかりと息づいているのである。

最後に、本書の企画を提案いただき、原稿作成にあたりアドバイスいただいた野口英明さんに感謝します。ありがとうございました。

◎参考文献

『家紋歳時記』高澤等（洋泉社）
『見て楽しい 読んで学べる 家紋のすべてがわかる本』高澤等（ＰＨＰ研究所）
『家紋に残された 戦国武将五つの謎』武光誠（青春出版社）
『家紋から武家社会の歴史をさぐる』家紋と歴史研究会（ごま書房新社）
『家紋逸話事典』丹羽基二（立風書房）
『家紋 秘められた歴史』楠戸義昭（毎日新聞社）
『家紋で読み解く日本の歴史』鈴木亨（学研プラス）
『家紋の文化史』大枝史郎（講談社）
『戦国武将の健康術』植田美津恵（ゆいぽおと）
『戦国武将の食生活』永山久夫（河出文庫）
『千利休』清原なつの（本の雑誌社）
『江戸の道楽』棚橋正博（講談社選書メチエ）
『復原 戦国の風景』西ヶ谷恭弘（ＰＨＰ研究所）
『江戸の花競べ』小笠原左衛門尉亮軒（青幻舎）
『江戸の園芸・平成のガーデニング』小笠原亮（小学館）

●稲垣栄洋（いながき・ひでひろ）
1968年静岡市生まれ。岡山大学大学院修了。専門は雑草生態学。農学博士。自称、みちくさ研究家。農林水産省、静岡県農林技術研究所などを経て、現在、静岡大学大学院教授。著書にベストセラーとなった『生きものの死にざま』（草思社）ほか『大事なことは植物が教えてくれる』（マガジンハウス）、『面白くて眠れなくなる植物学』（ＰＨＰ文庫）、『はずれ者が進化をつくる』、『雑草はなぜそこに生えているのか』（ともに、ちくまプリマー新書）など、多数。

徳川家の家紋はなぜ三つ葉葵なのか
家康のあっぱれな植物知識

発行日　2022年4月30日　初版第1刷発行

著　者　稲垣栄洋

発行者　久保田榮一
発行所　株式会社 扶桑社
〒105-8070
東京都港区芝浦1-1-1　浜松町ビルディング
電話　03-6368-8870(編集)
　　　03-6368-8891(郵便室)
www.fusosha.co.jp

印刷・製本　図書印刷株式会社

定価はカバーに表示してあります。

ISBN 978-4-594-09060-9